特效师 手册

影视剪辑与特效制作
从入门到精通(剪映版)

特效师
技能树

- 蒙版合成特效
- 混合模式特效
- 关键帧特效
- 剪映抠图特效
- 影视字幕特效
- 武侠类特效
- 仙侠类特效
- 科幻类特效

U0180741

木白 编著

北京大学出版社
PEKING UNIVERSITY PRESS

内 容 提 要

影视特效，也叫特技效果，通常是指直接拍摄有难度而用电脑制作合成的视觉上的假象或幻觉。有简单的字幕特效、色彩光线变化特效，也有复杂的氛围特效、古风特效、水墨特效等。千变万化的特效给了特效师非常大的想象和创作空间，不仅可以为电影和短视频等增光添彩，甚至能制作出新的艺术效果，吸引更多人观看。

本书根据作者多年的特效制作经验，结合目前年轻人喜爱的短视频特效，设计、讲解了 11 章内容，包括影视剪辑与特效基础、画面特效与人物特效、使用蒙版合成画面、混合模式合成效果、用关键帧制作特效、掌握剪映抠图特效、剪辑影视解说视频、制作影视字幕特效，以及制作热门的武侠类特效、仙侠类特效和科幻类特效等，帮助读者在较短的时间内，从新手成为剪映影视剪辑和特效制作高手。本书既讲解了如何在剪映电脑版中进行影视剪辑与特效制作，也讲解了剪映手机版的案例制作步骤，让读者买一本书精通剪映的两个版本，轻松玩转剪映电脑版＋手机版，随时随地制作出精彩的影视混剪与特效视频。

本书案例丰富、实用，适合对视频和影视剪辑感兴趣的读者阅读，也适合从事影视特效行业的工作人员阅读，还可以供学校或培训机构的新媒体、数字媒体专业作为教材使用。

图书在版编目（CIP）数据

特效师手册：影视剪辑与特效制作从入门到精通：剪映版 / 木白编著 . — 北京：北京大学出版社，2023.3

ISBN 978-7-301-33660-1

Ⅰ . ①特… Ⅱ . ①木… Ⅲ . ①视频编辑软件 Ⅳ . ① TN94

中国版本图书馆 CIP 数据核字（2022）第 252839 号

书　　　　名	特效师手册：影视剪辑与特效制作从入门到精通（剪映版）
	TEXIAOSHI SHOUCE: YINGSHI JIANJI YU TEXIAO ZHIZUO CONG RUMEN DAO JINGTONG (JIANYING BAN)
著作责任者	木白　编著
责 任 编 辑	王继伟　刘羽昭
标 准 书 号	ISBN 978-7-301-33660-1
出 版 发 行	北京大学出版社
地　　　　址	北京市海淀区成府路 205 号　100871
网　　　　址	http://www. pup. cn　新浪微博：@ 北京大学出版社
电 子 信 箱	pup7@ pup. cn
电　　　　话	邮购部 010−62752015　发行部 010−62750672　编辑部 010−62570390
印 刷 者	北京宏伟双华印刷有限公司
经 销 者	新华书店
	787 毫米 ×1092 毫米　16 开本　14 印张　381 千字
	2023 年 3 月第 1 版　2023 年 3 月第 1 次印刷
印　　　　数	1—4000 册
定　　　　价	89.00 元

前　言

关于本系列图书

感谢您翻开本系列图书。

面对众多的短视频制作与设计教程图书，或许您正在为寻找一本技术全面、参考案例丰富的图书而苦恼，或许您正在为不知该如何进入短视频行业学习而踌躇，或许您正在为不知自己能否做出书中的案例效果而担心，或许您正在为买一本靠谱的入门教材而仔细挑选，或许您正在为自己进步太慢而焦虑……

目前，短视频行业的红利和就业机会汹涌而来，我们急您所急，为您奉献一套优秀的短视频学习用书——"新媒体技能树"系列，它采用完全适合自学的"教程＋案例"和"完全案例"两种形式编写，兼具技术手册和应用技巧参考手册的特点，随书附赠的超值资料包不仅包含教学视频、案例素材文件、教学 PPT 课件，还包含针对新手特别整理的电子书《剪映短视频剪辑初学 100 问》、103 集视频课《从零开始学短视频剪辑》，以及对提高工作效率有帮助的电子书《剪映技巧速查手册：常用技巧 70 个》。此外，每本书都设置了"短视频职业技能思维导图"，以及针对教学的"课时分配"和"课后实训"等内容。希望本系列图书能够帮助您解决学习中的难题，提高技术水平，快速成为短视频高手。

● 自学教程。本系列图书中设计了大量案例，由浅入深、从易到难，可以让您在实战中循序渐进地学习到软件知识和操作技巧，同时掌握相应的行业应用知识。

● 技术手册。书中的每一章都是一个小专题，不仅可以帮您充分掌握该专题中提及的知识和技巧，而且举一反三，带您掌握实现同样效果的更多方法。

● 应用技巧参考手册。书中将许多案例化整为零，让您在不知不觉中学习到专业案例的制作方法和流程。书中还设计了许多技巧提示，恰到好处地对您进行点拨，到了一定程度后，您可以自己动手，自由发挥，制作出相应的专业案例效果。

● 视频讲解。每本书都配有视频教学二维码，您可以直接扫码观看、学习对应本书案例的视频，也可以观看相关案例的最终表现效果，就像有一位专业的老师在您身边一样。您不仅可以使用本系列图书研究每一个操作细节，还可以通过在线视频教学了解更多操作技巧。

剪映应用前景

剪映，是抖音官方的后期剪辑软件，也是国内应用最多的短视频剪辑软件之一。由于其支持零基础轻松入门剪辑，配备海量的免费版权音乐，不仅可以快速输出作品，还能将作品无缝衔接到抖音发布，具备良好的使用体验。截至 2022 年 7 月，剪映在华为手机应用商店的下载量达 42 亿次，在苹果手机应用商店的下载量达 5 亿次，加上在小米、OPPO、vivo 等其他品牌手机应用商店的下载量，共收获超过 50 亿次的下载量！

在广大摄影爱好者和短视频拍摄、制作人员眼中，剪映已基本完成了对"最好用的剪辑软件"这一印象的塑造，俨然成为市场上手机视频剪辑的"第一霸主"软件，将其他视频剪辑软件远远甩在身后。在日活用户大于 6 亿的平台上，剪映的商业应用价值非常高。精美的、有创意的视频，更能吸引用户的目光，得到更多的关注，进而获得商业变现的机会。

剪映软件也有电脑版

可能有许多新人摄友不知道，剪映不仅有手机版软件，还发布了电脑端的苹果版和 Windows 版软件。因为功能的强大与操作的简易，剪映正在"蚕食"Premiere 等电脑端视频剪辑软件的市场，或许在不久的将来，也将拥有众多的电脑端用户，成为电脑端的视频剪辑软件领先者。

剪映电脑版的核心优势是功能的强大、集成，特别是操作时比 Premiere 软件更为方便、快捷。目前，剪映拥有海量短、中视频用户，其中，很多用户同时是电脑端的长视频剪辑爱好者，因此，剪映自带用户流量，有将短、中、长视频剪辑用户一网打尽的基础。

随着剪映的不断发展，视频剪辑用户在慢慢转移，之前 Premiere、会声会影、AE 的视频剪辑用户，可能会慢慢"转粉"剪映；还有初学者，剪映本身的移动端用户，特别是既追求专业效果又要求产出效率的学生用户、Vlog 博主等，也会逐渐"转粉"剪映。

对比优势

剪映电脑版，与 Premiere 和 AE 相比，有什么优势呢？根据笔者多年的使用经验，剪映电脑版有 3 个特色。

一是配置要求低：Premiere 和 AE 对电脑的配置要求较高，处理一个大于 1GB 的文件，渲染几个小时算是短的，有些几十 GB 的文件，一般要渲染一个通宵才能完成，而使用剪映，可能十几分钟就可以完成制作并导出。

二是上手快：Premiere 和 AE 界面中的菜单、命令、功能太多，而剪映是扁平式界面，核心功能一目了然。学 Premiere 和 AE 的感觉，相对比较困难，而学剪映更容易、更轻松。

三是功能强：过去用 Premiere 和 AE 需要花上几个小时才能做出来的影视特效、商业广告，现在用剪映几分钟就能做出来；在剪辑方面，无论是方便性、快捷性，还是功效性，剪映都优于两个老牌软件。

简单总结：剪映电脑版，比 Premiere 操作更易上手！比 Final Cut 剪辑更为轻松！比达芬奇调色更为简单！剪映的用户数量，比以上 3 个软件的用户数量之和还要多！

从易用角度来说，剪映很可能会取代 Premiere 和 AE，在调色、影视、商业广告等方面的应用越来越普及。

系列图书品种

剪映强大、易用，在短视频及相关行业深受越来越多的人喜欢，逐渐开始从普通使用转为专业使用。使用其海量的优质资源，用户可以创作出更有创意、视觉效果更优秀的作品。为此，笔者特意策划了本系列图书，希望能帮助大家深入了解、学习、掌握剪映在行业应用中的专业技能。本系列图书包含以下 7 本：

❶《运镜师手册：短视频拍摄与脚本设计从入门到精通》

❷《剪辑师手册：视频剪辑与创作从入门到精通（剪映版）》

❸《调色师手册：视频和电影调色从入门到精通（剪映版）》

❹《音效师手册：后期配音与卡点配乐从入门到精通（剪映版）》

❺《字幕师手册：短视频与影视字幕特效制作从入门到精通（剪映版）》

❻《特效师手册：影视剪辑与特效制作从入门到精通（剪映版）》

❼《广告师手册：影视栏目与商业广告制作从入门到精通（剪映版）》

本系列图书特色鲜明。

一是细分专业：对短视频最热门的 7 个维度——运镜（拍摄）、剪辑、调色、音效、字幕、特效、广告进行深度研究，一本只专注于一个维度，垂直深讲！

二是实操实战：每本书设计 50~80 个案例，均精选自抖音上点赞率、好评率最高的案例，分析制作方法，讲解制作过程。

三是视频教学：笔者对应书中的案例录制了高清语音教学视频，读者可以扫码看视频。同时，每本书都赠送所有案例的素材文件和效果文件。

四是双版讲解：不仅讲解了剪映电脑版的操作方法，同时讲解了剪映手机版的操作方法，让读者阅读一套书，同时掌握剪映两个版本的操作方法，融会贯通，学得更好。

短视频职业技能思维导图：特效师

本书内容丰富、结构清晰，现对要掌握的技能制作思维导图加以梳理，如下所示。

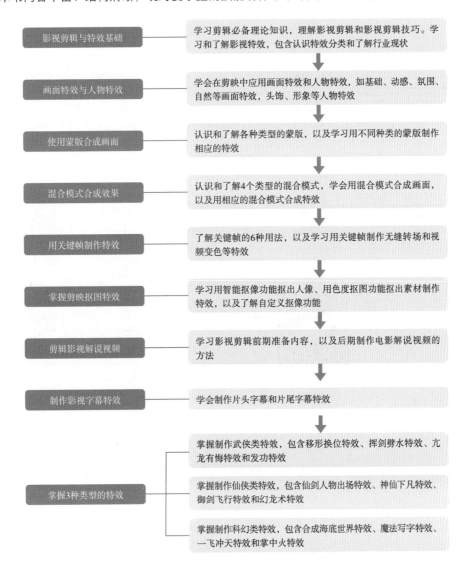

课程安排建议

本书是系列图书中的一本，为《特效师手册：影视剪辑与特效制作从入门到精通（剪映版）》，以剪映电脑版为主，手机版为辅，课时分配具体如下（教师可以根据自己的教学计划对课时分配进行适当调整）。

章节内容	课时分配	
	教师讲授	学生上机实训
第1章　入门：影视剪辑与特效基础	30 分钟	30 分钟
第2章　精华：画面特效与人物特效	20 分钟	20 分钟
第3章　进阶：使用蒙版合成画面	30 分钟	30 分钟
第4章　提高：混合模式合成效果	30 分钟	30 分钟
第5章　硬货：用关键帧制作特效	30 分钟	30 分钟
第6章　升级：掌握剪映抠图特效	30 分钟	30 分钟
第7章　综合：剪辑影视解说视频	30 分钟	30 分钟
第8章　扩展：制作影视字幕特效	60 分钟	60 分钟
第9章　武侠类特效：传统又极具实用性	30 分钟	30 分钟
第10章　仙侠类特效：全网夸赞的巨制佳作	30 分钟	30 分钟
第11章　科幻类特效：打造好莱坞大片的秘诀	30 分钟	30 分钟
合计	350 分钟	350 分钟

温馨提示

编写本书时，笔者基于剪映软件截取实际操作图片，但书从编写到编辑出版需要一段时间，在这段时间里，软件界面与功能会有调整与变化，比如有的内容删除了、有的内容增加了，这是软件开发商做的更新，很正常。读者在阅读本书时，可以根据书中的思路，举一反三地进行学习，不必拘泥于细微的变化。

素材获取

读者可以用微信扫一扫右侧二维码，关注官方微信公众号，输入本书 77 页的资源下载码，根据提示获取随书附赠的超值资料包的下载地址及密码。

观看《特效师手册》
视频教学，请扫码：

观看 103 集视频课
《从零开始学短视频剪辑》，
请扫码：

作者售后

本书由木白编著，邓陆英参与编写，向小红、苏苏、黄建波等人提供视频素材和拍摄帮助，在此表示感谢。

由于作者知识水平有限，书中难免有错误和疏漏之处，恳请广大读者批评、指正，联系微信：157075539。

如果您对本书有所建议，也可以给我们发邮件：guofaming@pup.cn。

木白

目录

第1章　入门：影视剪辑与特效基础

1.1　影视剪辑基础　002
   1.1.1　剪辑必备理论知识　002
   1.1.2　如何理解影视剪辑　004
   1.1.3　影视剪辑技巧　005

1.2　了解影视特效　006
   1.2.1　特效分类　006
   1.2.2　行业现状　007

课后实训：认识影视中的特效　008

第2章　精华：画面特效与人物特效

2.1　添加画面特效　010
   2.1.1　基础特效：开幕和闭幕　010
   2.1.2　氛围特效：星火炸开　013
   2.1.3　自然特效：打雷下雨　015
   2.1.4　动感特效：心跳和抖动　017
   2.1.5　边框特效：录像机和邮票　018
   2.1.6　电影特效：制作电影感视频　021

2.2　应用人物特效　024
   2.2.1　情绪特效：遇到美食时的表情　024
   2.2.2　头饰特效：3D兔兔　026
   2.2.3　身体特效：发光环绕　028
   2.2.4　形象特效：可爱女生　030

课后实训：制作变身漫画特效　031

第3章　进阶：使用蒙版合成画面

3.1　蒙版合成原理　034
   3.1.1　认识蒙版　034
   3.1.2　如何用蒙版合成画面　035

3.2　蒙版合成特效实战案例　038
   3.2.1　线性蒙版：场景合成　038
   3.2.2　圆形蒙版：合成物体　041
   3.2.3　镜面蒙版：天空之城　045
   3.2.4　矩形蒙版：分身视频　048

课后实训：制作拼图抽线特效　050

第4章　提高：混合模式合成效果

4.1　混合模式合成原理　054
   4.1.1　认识混合模式　054
   4.1.2　用混合模式合成画面　056

4.2　混合模式合成特效实战案例　060
   4.2.1　滤色模式：合成月亮　060
   4.2.2　颜色减淡：召唤鲸鱼　064
   4.2.3　正片叠底：影子特效　067

课后实训：制作魔法光圈特效　071

第5章　硬货：用关键帧制作特效

5.1　关键帧的6种用法　074
   5.1.1　控制音量高低　074
   5.1.2　文字扫光效果　077
   5.1.3　字幕颜色渐变　080
   5.1.4　让蒙版动起来　082
   5.1.5　模拟运镜效果　085
   5.1.6　控制不透明度　087

5.2　用关键帧制作特效实战案例　090
   5.2.1　制作无缝转场特效　090
   5.2.2　制作视频变色特效　093

课后实训：制作一刀切换季节视频　095

第6章　升级：掌握剪映抠图特效

6.1　智能抠像合成人物　098
   6.1.1　更换人物背景　098
   6.1.2　制作腾空而坐特效　099
   6.1.3　制作抠像卡点视频　102

6.2　色度抠图抠出素材　106
   6.2.1　制作绿幕素材　106
   6.2.2　合成恐龙特效　108
   6.2.3　合成自然的云朵　112

课后实训：自定义抠像抠出杯子　115

第7章 综合：剪辑影视解说视频

7.1 准备工作 118

7.1.1 确定解说风格 118

7.1.2 获取电影素材 119

7.1.3 准备解说文案 119

7.1.4 制作解说配音 120

7.1.5 提取音频文件 121

7.2 后期制作 122

7.2.1 导入电影和配音素材 122

7.2.2 根据配音剪辑电影 123

7.2.3 添加解说字幕和水印 125

7.2.4 制作解说片头片尾 128

7.2.5 添加边框和背景音乐 131

7.2.6 把解说视频上传到云空间 133

课后实训：设置视频封面 135

第8章 扩展：制作影视字幕特效

8.1 制作片头字幕特效 138

8.1.1 冲击波字幕特效 138

8.1.2 滑屏出字特效 142

8.1.3 电影海报片头 148

8.2 制作片尾字幕特效 152

8.2.1 定格画面谢幕特效 153

8.2.2 视频倒影滚动字幕特效 158

课后实训：制作横屏滚动字幕特效 163

第9章 武侠类特效：传统又极具实用性

9.1 移形换位特效 166

9.1.1 用剪映电脑版制作 166

9.1.2 用剪映手机版制作 169

9.2 挥剑劈水特效 172

9.2.1 用剪映电脑版制作 172

9.2.2 用剪映手机版制作 173

9.3 亢龙有悔特效 174

9.3.1 用剪映电脑版制作 174

9.3.2 用剪映手机版制作 177

9.4 发功特效 179

9.4.1 用剪映电脑版制作 179

9.4.2 用剪映手机版制作 180

课后实训：背剑特效 181

第10章 仙侠类特效：全网夸赞的巨制佳作

10.1 仙剑人物出场特效 184

10.1.1 用剪映电脑版制作 184

10.1.2 用剪映手机版制作 187

10.2 神仙下凡特效 189

10.2.1 用剪映电脑版制作 189

10.2.2 用剪映手机版制作 190

10.3 御剑飞行特效 191

10.3.1 用剪映电脑版制作 191

10.3.2 用剪映手机版制作 193

10.4 幻龙术特效 194

10.4.1 用剪映电脑版制作 194

10.4.2 用剪映手机版制作 196

课后实训：深海巨龙特效 198

第11章 科幻类特效：打造好莱坞大片的秘诀

11.1 合成海底世界特效 200

11.1.1 用剪映电脑版制作 200

11.1.2 用剪映手机版制作 201

11.2 魔法写字特效 202

11.2.1 用剪映电脑版制作 203

11.2.2 用剪映手机版制作 206

11.3 一飞冲天特效 208

11.3.1 用剪映电脑版制作 208

11.3.2 用剪映手机版制作 210

11.4 掌中火特效 211

11.4.1 用剪映电脑版制作 212

11.4.2 用剪映手机版制作 212

课后实训：控雨特效 213

附录 剪映快捷键大全 215

第 1 章 入门：
影视剪辑与特效基础

作为一名特效师，首先需要学习影视剪辑基础知识，了解影视特效，然后才能在剪映的特效制作和合成中大显身手。影视剪辑对于学习视频后期编辑的人员来说是入门基础，本章主要介绍剪辑理论知识，帮助大家理解影视剪辑，掌握影视剪辑技巧。

1.1 影视剪辑基础

从某种形式上来说，剪辑是一种连接手段，可以连接上下两个镜头。在许多受欢迎的影视作品中，我们可以看出，其剪辑手法是自然而有技巧的，正因为有了剪辑，导演拍摄的每个片段才能合理地组合在一起。因此，剪辑是影视创作中非常重要的一个板块。本节将带领大家了解影视剪辑基础。

1.1.1 剪辑必备理论知识

在正式开始剪辑工作之前，我们需要学习、了解剪辑必备的理论知识，用理论指导实践，才能在剪辑实战中做到有理有据，举一反三。

1. 认识帧

帧（fps）是视频中最小的单位，比秒还要小。1 帧画面是静态的照片，视频就是由连续变化的画面组合构成的，就像动画一样，动画是用摄影机持续拍摄连续变化的图画而成，其原理与人类的"视觉暂留"特性有关——人的眼睛看到一幅画或一个物体后，画或物体在 0.34 秒之内不会消失。

总之，1 秒的画面通常是由一定数量的帧组成，也就是由一定数量的照片组成，这个数量也叫帧数。图 1-1 所示为车流延时视频中 1 秒内的 9 帧画面照片。

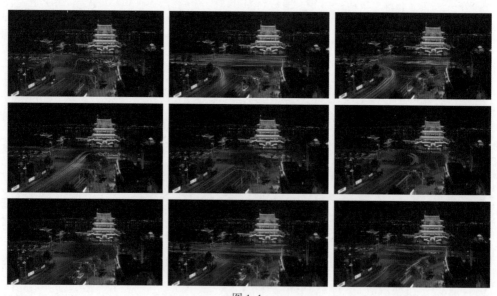

图 1-1

通常每秒中帧的数量越多，画面就越流畅。在制作视频时，使用剪映电脑版导出的视频，有几种帧率可选，如 24fps、25fps、30fps、50fps 和 60fps，一般普通的视频选择 25fps 或 30fps 即可。选择的帧率数值越大，视频就越流畅。

2. 认识分辨率尺寸

　　分辨率是用于度量图像内数据量多少的参数，通常表示为 PPI（Pixels Per Inch，每英寸像素）。通常情况下，有以下几种常见的分辨率尺寸分类，如图 1-2 所示。视频尺寸比例也就是视频的长和宽的比例。

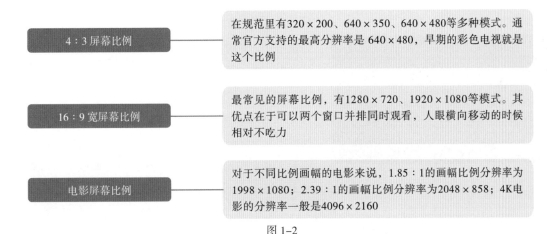

图 1-2

　　通常情况下，图像的分辨率越高，所包含的像素就越多，图像就越清晰，同时文件占用的存储空间也越大。简单来说，分辨率越高，视频越清晰，细节越丰富。

3. 了解视频文件格式

　　视频文件格式是指保存视频的格式，为了适应存储视频的需要，人们设定了不同的视频文件格式，把视频和音频放在一个文件中，以方便同时播放。图 1-3 所示为 4 种常见的视频文件格式。

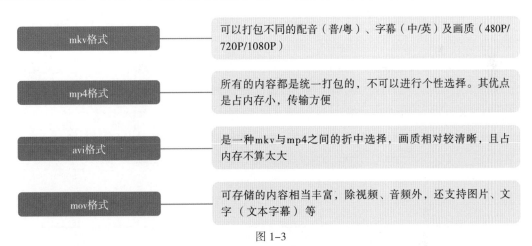

图 1-3

　　不同的视频剪辑软件支持的视频格式也不同，如果遇到无法上传的视频，可以用格式转换器转换格式。在剪映电脑版中，支持导入的文件格式有 mov、mp4、m4v、avi、flv、mkv、rmvb 等视频格式，jpeg、png 等图片格式，mp3、m4a、wma、wav 等音频格式，后续还会陆续增加 gif、mts、透明通道等功能；支持导出的格式有 mp4 和 mov。

4. 了解视频编码

　　视频编码是指通过特定的压缩技术，将原始视频格式的文件转换成另一种视频格式的文件。视频流传输中最为重要的编解码标准有国际电联的 H.261、H.263、H.264，运动静止图像专家组的 M-JPEG 和国际标准化组织运动图像专家组的 MPEG 系列标准。此外，在互联网上被广泛应用的还有 Real-Networks 的 RealVideo、微软公司的 WMV 及 Apple 公司的 QuickTime 等。

在剪映电脑版中有两种视频编码可选，分别是 H.264 和 HEVC，如图 1-4 所示。

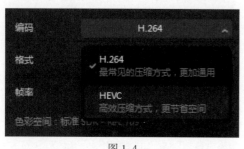

图 1-4

H.264 和其他编码相比，有着低码率、容错率高、网络适应性强的优点，并且在差不多的条件下，画面质量比其他编码高一些。在某些参数相同的条件下，使用 H.264 编码的视频占内存小。

HEVC 是一种效率更高的视频编码，可以使全高清视频的播放速率变得更快。各种 4K 高清设备也需要用到 HEVC 编码，其应用前景比较广。但是，HEVC 与 H.264 的差别并不是很大，所以目前还是 H.264 编码更常用。

1.1.2　如何理解影视剪辑

影视剪辑和写作有着相似的地方，写作是将字组成词、词连成句、句构成段、段形成文、文编成书；而影视剪辑则是将一帧一帧的画面剪辑拼接，留下最有用的画面，并且拼接要讲究一定的逻辑和顺序，最后合成一段段连续的画面。

1. 第一层面：上下镜头的剪辑

曾经有一个对比实验，实验内容主要是将视频剪辑分为两组，第一组是毫无逻辑的剪辑，第二组是按照时间发展顺序剪辑，两组视频时间相同。观众观看之后，几乎所有人都有一个共同的体验，就是观看第二组视频的时候，时间过得比第一组快。

通过这个实验得到了一个结论：没有逻辑的剪辑，对于观众来说是一种折磨。出品影视作品的目的就是吸引观众观看，所以好的剪辑对于视频的质量是至关重要的。

流畅的剪辑可以让观众感受不到镜头的转换，这也是好莱坞所推崇的"零度剪辑风格"。总之，剪辑需要做到两个镜头之间的切换不会产生明显的跳动，不会打断观众观看。

2. 第二层面：若干场面的剪辑

若干场面是由镜头链组合在一起的片段，每组镜头链都是一个单元，是按照一定的逻辑和内容组合在一起的，也是相对完整和连续的镜头内容。

在剪辑这些场面时，最好按照固定、统一的剪辑逻辑进行拼接，用最佳方法组合片段，才能达到若干场面与整体影片的风格相统一的效果。

剪辑时要注意两个方面的逻辑关系，如图 1-5 所示。

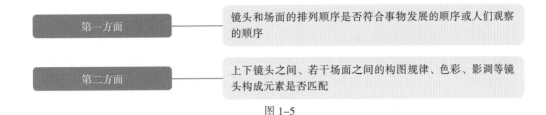

图 1-5

3. 第三层面：整体构思

剪辑的整体构思主要是指剪辑是否把握了整体风格类型。

在创作者撰写文案或设计脚本的时候，就有了对整体风格的规划，这也是一种理念指导，可以要求创作者用整体的眼光对作品进行宏观和总体的统筹、审视。

例如，在剪辑战争片时，对于战时，剪辑师可以剪辑黑白影调的画面；对于战后，剪辑师可以剪辑彩色影调的画面。在整个影片中，不仅可以运用黑白和彩色影调的表现手法，还可以把战时画面嵌入战后画面中，形成强烈对比，展现创作者的创作技巧，形成影片独特的时空创作结构。

在剪辑时，不管是剪辑上下镜头、若干场面，还是进行整体构思，都需要遵循以下 4 个剪辑逻辑匹配原则，如图 1-6 所示。

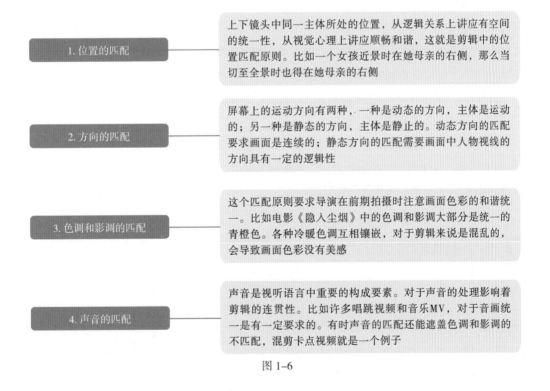

图 1-6

1.1.3 影视剪辑技巧

剪辑打破了现实时空的局限，从某种意义上来说，创造了一个荧幕时空。大家在进行剪辑时，掌握相关的理论之后，还需要了解相应的技巧，下面介绍几个常用的剪辑技巧。

- 动作顺接：角色在展开运动或进行运动时，剪辑点不一定要在动作展开的时候，可以根据角色运动的方向设置或转身的时候设置。

- 离切：画面切到与角色相同场景的插入镜头，或者再切回主镜头，表达角色的内心世界和现实心境。

- 交叉剪辑：一般是两个场景画面交替剪辑，如打电话的场景，可以营造出紧张感和悬念感，也可以表达角色的内心。

- 跳切：省略部分时间和空间内容，多用于同一个景框镜头中，可以营造出紧迫感，这种技巧在蒙太奇中经常被使用。

- 匹配剪辑：利用镜头中的逻辑、景别、角度、运动方向所匹配的内容，进行组合剪辑，这样不仅可以让镜头连接得更加连贯，还可以连接不同时间或场景的镜头，从而带动观众的情绪。

- 淡入/淡出：很常见的剪辑技巧，也叫渐显/渐隐，效果为画面从黑暗中显现，或者画面慢慢变模糊然后变黑消失。

- 叠化：某个画面渐渐变成另一个画面，让观众感受到镜头的持续连接。

- 跳跃剪辑：从激烈的画面转换到平和的画面，或者由大的动作画面转换到小的动作画面，反之亦然。多用于角色在噩梦场景中醒来。

- 圆形划像：类似于相机拍照的手法，把画面划入、划出，形成一个圆形光圈的样式，是一种偏程式化的剪辑技巧。

- 划像（擦拭）：画面从某个方向划入或划出，有横划、竖划、对角线划等，多用于区别较大的两个场景之间的切换。

- 隐藏转场：使用画面的阴影拼接下一个画面，通常镜头连接之间会快速摇动，也就是在镜头运动中剪辑转场，在大部分电影中都会被用到。

- 声音滞后：用音效编辑的方式，将上一个画面中的声音保留到下一个画面中，常用于对话场景中。

- 声音优先：在播出下一个画面之前，声音就已经出现。声音滞后和优先都是为了让画面节奏不被打断，让画面过渡更自然，用音效引导观众。

1.2 了解影视特效

影视特效也叫特技效果，不同于真实的画面场景，特效是用电脑制作合成的假象，其作用就是代替真实场景，因为有些场景不可能进行实地拍摄，通过特效可以避免让演员进入危险的场景中。当然更多的特效是特效师想象和创作出的物体或空间，特效师通过特效创作出了新的电影形式，产生了新的艺术效果。另外，使用特效还可以节约拍摄成本。

1.2.1 特效分类

影视特效作为电影中不可或缺的元素之一，为电影的发展作出了巨大的贡献。影视特效可以分为视觉特效和声音特效。

1. 视觉特效

电影从早期的默片发展到有声电影，再到如今的数字电影，其中特效的使用也是逐渐发展的。图1-7所示为两个电影时代中的视觉特效内容。

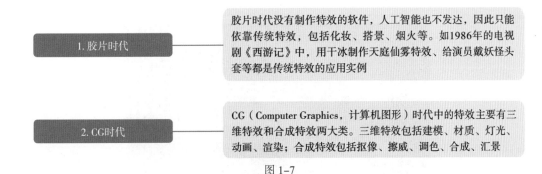

图 1-7

在特效行业中，最顶尖的特效公司以工业光魔和维塔数码为代表，许多震撼人心的视觉大片的特效都是由这两家公司制作的。

2. 声音特效

声音特效也叫音效，一般经过后期合成的声音才能叫音效，前期拍摄和录制的声音则不能称为音效。音效是由后期拟音师、录音师、混音师合作完成的。

拟音师负责录制和捕捉画面中所有特殊声音，如雨声、雷声、脚步声、乐器声、爆炸声、打斗声等；录音师负责把拟音师捕捉的所有声音收集起来；最后，混音师将声音编辑加工成专用的影视音效。

图1-8所示为一些音效编辑软件。

```
1. 音效精灵：音效、特效音辅助工具
2. 最佳变声：可以改变声音的软件
3. 音频编辑软件：可以让声音更加多变
4. 混录大王：国内知名音频处理软件
5. 变声器：音频输出工具
6. 变声软件：音频变声工具
7. 电音精灵：典型的VST机架软件
8. 变声神器：安卓平台声音修饰软件
9. Au：专业音频编辑和混合软件
10. 声音特效：声音特效软件
```

图 1-8

1.2.2　行业现状

电影是一门视听语言表现艺术，特效给了电影创作者更多想象的空间，让创作者有了更多的选择。影视特效也有其专门的剧本，打破了传统创作的局限性，为影视行业注入了新鲜的血液。

在前期拍摄时，不仅要讲究灯光和搭景，为了方便后期抠图，还要在绿幕背景或蓝幕戏棚内进行拍摄。前期做好拍摄准备后，后期只需通过计算机技术进行合成处理即可。这些新形式的拍摄和制作手法，让电影发展有了更多新的可能。

目前，国内特效公司有很大的发展空间。科幻电影《明日战记》《独行月球》和动漫电影《白蛇：缘起》《哪吒之魔童降世》的巨量票房，都能说明影视特效这个行业发展前景是巨大的。

课后实训：认识影视中的特效

如今，大部分的影视作品中都会使用一些特效，尤其是科幻类的题材，使用的特效非常多。下面带领大家认识一些常见的影视特效类型，如图1-9、图1-10、图1-11所示。大家在观影的时候也可以多加注意，寻找电影中所用到的特效。

图 1-9

图 1-10

图 1-11

第 2 章 精华：
画面特效与人物特效

剪映特效素材库中有种类繁多的特效素材，利用这些特效素材可以为视频增加闪光点。由于版本的局限，目前剪映电脑版只有画面特效，还没有更新人物特效，本章内容中的人物特效将以手机版为主进行介绍。

2.1 添加画面特效

剪映中的画面特效非常丰富，且可以免费使用，不需要插件，这对于剪辑和特效合成工作来说非常省时、省力，提高了影视创作效率。

2.1.1 基础特效：开幕和闭幕

效果展示 基础特效是比较简单的一类特效，如为视频添加"开幕"和"闭幕"特效，制作影片中的开场和谢幕场景，效果如图 2-1 所示。

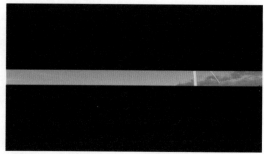

图 2-1

1. 用剪映电脑版制作

剪映电脑版的操作方法如下。

步骤 01 在剪映电脑版的"本地"选项卡中单击"导入"按钮，如图 2-2 所示。

步骤 02 ❶在弹出的"请选择媒体资源"对话框中选择视频素材；❷单击"导入"按钮，如图 2-3 所示。

图 2-2

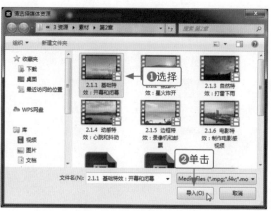

图 2-3

步骤 **03** 导入视频到剪映中，单击视频右下角的"添加到轨道"按钮 ⊕，如图 2-4 所示。

步骤 **04** 把视频添加到视频轨道中，如图 2-5 所示。

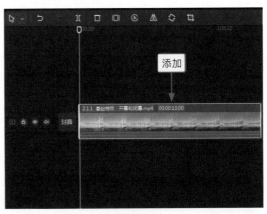

| 图 2-4 | 图 2-5 |

步骤 **05** ❶ 在功能区中单击"特效"按钮；❷ 切换至"基础"选项卡；❸ 单击"开幕"特效右下角的"添加到轨道"按钮 ⊕，如图 2-6 所示，添加特效。

步骤 **06** 单击"闭幕"特效右下角的"添加到轨道"按钮 ⊕，如图 2-7 所示，添加特效。

| 图 2-6 | 图 2-7 |

步骤 **07** 调整"闭幕"特效在时间线面板上的轨道位置，使其末端对齐视频的末尾位置，如图 2-8 所示。

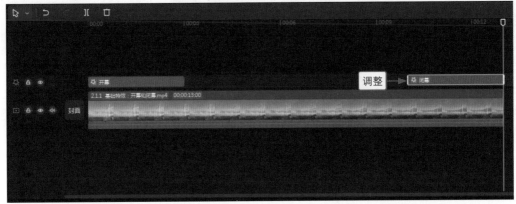

图 2-8

温馨提示

基础特效选项卡中还有其他类型的特效，如"泡泡变焦""镜头变焦""鱼眼Ⅳ""鱼眼Ⅲ""动感模糊""放大镜""拟截图放大镜""广角""爱心边框""ins 风放大镜""箭头放大镜""圆形虚线放大镜""鱼眼""鱼眼Ⅱ""零点解锁""镜像""模糊""斜向模糊""纵向模糊""轻微放大""变清晰Ⅱ""马赛克""虚化""噪点""色差""变黑白""变彩色""暗角""倒计时""牛皮纸关闭""牛皮纸打开""纵向开幕""横向闭幕""色差开幕""擦拭开幕""模糊闭幕""变清晰""全剧终""模糊开幕""曝光降低""雪花开幕""方形开幕""渐显开幕""白色渐显""闭幕Ⅱ""聚焦""粒子模糊""变秋天"等。

2. 用剪映手机版制作

剪映手机版的操作方法如下。

步骤 01 打开剪映手机版，在"剪辑"界面中点击"开始创作"按钮，如图 2-9 所示。

步骤 02 在"照片视频"界面中添加视频素材，进入视频编辑界面，依次点击"特效"按钮和"画面特效"按钮，如图 2-10 所示。

步骤 03 ❶切换至"基础"选项卡；❷选择"开幕"特效，如图 2-11 所示。

  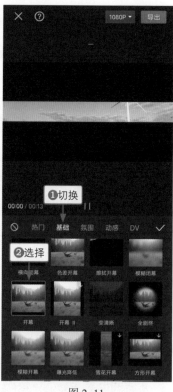

图 2-9　　　　　　图 2-10　　　　　　图 2-11

步骤 04 添加"开幕"特效之后，回到上一级工具栏，在视频 9s 左右的位置点击"画面特效"按钮，如图 2-12 所示。

步骤 05 在"基础"选项卡中选择"闭幕"特效，如图 2-13 所示。

步骤 06 调整"闭幕"特效的轨道位置，使其末端对齐视频的末尾位置，如图 2-14 所示。

图 2-12

图 2-13

图 2-14

2.1.2 氛围特效：星火炸开

效果展示 氛围特效主要是为视频增加氛围感。比如为夕阳视频添加"星火炸开"和"光斑飘落"特效，可以为画面增加光感氛围，让夕阳画面更加柔和，不那么单调，效果如图 2-15 所示。

图 2-15

1. 用剪映电脑版制作

剪映电脑版的操作方法如下。

步骤 01 在剪映电脑版中导入视频后，单击视频右下角的"添加到轨道"按钮 ⊕，如图 2-16 所示，把视频添加到视频轨道中。

步骤 02 ❶在功能区中单击"特效"按钮；❷切换至"氛围"选项卡；❸单击"星火炸开"特效右下角的"添加到轨道"按钮 ⊕，如图 2-17 所示，添加特效。

图 2-16   图 2-17

步骤 03 拖曳时间指示器至"星火炸开"特效的末尾位置，如图 2-18 所示。

步骤 04 单击"光斑飘落"特效右下角的"添加到轨道"按钮⊕，如图 2-19 所示，添加第 2 段特效并调整其时长，使其末端对齐视频的末尾位置。

图 2-18   图 2-19

2. 用剪映手机版制作

剪映手机版的操作方法如下。

步骤 01 在剪映手机版中导入视频，依次点击"特效"按钮和"画面特效"按钮，如图 2-20 所示。

步骤 02 ❶切换至"氛围"选项卡；❷选择"星火炸开"特效，如图 2-21 所示。

步骤 03 在"星火炸开"特效的后面添加"光斑飘落"氛围特效，如图 2-22 所示。

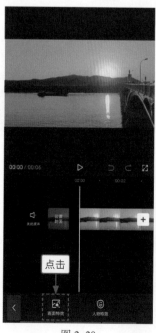  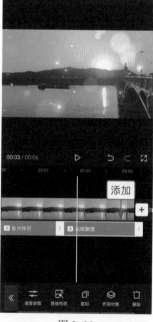

图 2-20   图 2-21   图 2-22

2.1.3　自然特效：打雷下雨

效果展示　自然特效主要是模仿自然界的风雨雷电及其他自然现象的特效。如可以为天空多云的视频合成闪电和下雨的特效，还可以添加相应的音效，效果如图 2-23 所示。

图 2-23

1. 用剪映电脑版制作

剪映电脑版的操作方法如下。

步骤 01　把视频添加到视频轨道中，❶在功能区中单击"特效"按钮；❷切换至"自然"选项卡；❸单击"闪电"特效右下角的"添加到轨道"按钮🔘，如图 2-24 所示，添加特效。

步骤 02　在"闪电"特效的末尾位置添加"下雨"自然特效，如图 2-25 所示。

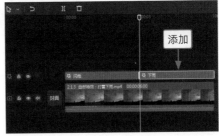

图 2-24　　　　　　　　　　　　　　　　图 2-25

步骤 03　拖曳时间指示器至视频起始位置，❶在功能区中单击"音频"按钮；❷切换至"音效素材"选项卡；❸搜索"雷声"音效；❹单击所需音效右下角的"添加到轨道"按钮🔘，如图 2-26 所示，添加雷声音效。

步骤 04　搜索"雨声"音效，选择并添加合适的雨声音效，然后调整其时长，如图 2-27 所示，单击音效右下角的☆按钮，即可收藏音效，方便下次使用。

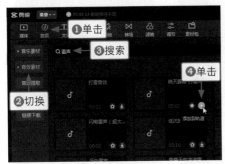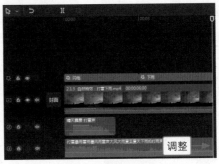

图 2-26　　　　　　　　　　　　　　　　图 2-27

2. 用剪映手机版制作

剪映手机版的操作方法如下。

步骤 01　导入视频，依次点击"特效"按钮和"画面特效"按钮，如图 2-28 所示。

步骤 02　❶切换至"自然"选项卡；❷选择"闪电"特效，如图 2-29 所示。

步骤 03　在"闪电"特效的末尾位置添加"下雨"自然特效，如图 2-30 所示。

图 2-28

图 2-29

图 2-30

步骤 04　在视频起始位置依次点击"音频"按钮和"音效"按钮，如图 2-31 所示。

步骤 05　在"收藏"选项卡中点击所需音效右侧的"使用"按钮，如图 2-32 所示。

步骤 06　添加两段已收藏的音效，并调整第 2 段音效的时长，如图 2-33 所示。

图 2-31

图 2-32

图 2-33

2.1.4 动感特效：心跳和抖动

效果展示 动感特效是能够让画面变得有动感的特效，将动感特效配上卡点音乐，整个视频画面都会变得节奏感十足，效果如图 2-34 所示。

图 2-34

1.用剪映电脑版制作

剪映电脑版的操作方法如下。

步骤 01 在剪映电脑版中导入视频后，单击视频右下角的"添加到轨道"按钮⊕，如图 2-35 所示，把视频添加到视频轨道中。

步骤 02 ❶在功能区中单击"特效"按钮；❷切换至"动感"选项卡；❸单击"抖动"特效右下角的"添加到轨道"按钮⊕，如图 2-36 所示，添加特效。

图 2-35　　　　　　　　　　　　　　　图 2-36

步骤 03 调整"抖动"特效的时长，使其对齐视频的时长，如图 2-37 所示。

步骤 04 单击"心跳"特效右下角的"添加到轨道"按钮⊕，如图 2-38 所示，添加第 2 段特效。

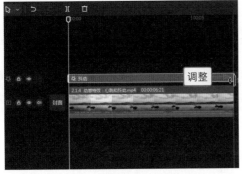

图 2-37　　　　　　　　　　　　　　　图 2-38

2. 用剪映手机版制作

剪映手机版的操作方法如下。

步骤 01 导入视频，依次点击"特效"按钮和"画面特效"按钮，❶切换至"动感"选项卡；❷选择"抖动"特效，如图 2-39 所示。

步骤 02 调整"抖动"特效的时长，使其对齐视频的时长，如图 2-40 所示。

步骤 03 在"动感"选项卡中继续选择"心跳"特效，如图 2-41 所示。

图 2-39　　　　　　　　图 2-40　　　　　　　　图 2-41

2.1.5　边框特效：录像机和邮票

效果展示　给视频添加"录制边框"特效，可以让视频像用录像机实景拍摄的效果，还可以添加"邮票边框"特效，再添加一些贴纸，制作特色字幕，效果如图 2-42 所示。

图 2-42

1. 用剪映电脑版制作

剪映电脑版的操作方法如下。

步骤 01 把视频添加到视频轨道中，❶在功能区中单击"特效"按钮；❷切换至"边框"选项卡；❸单击"录制边框Ⅱ"特效右下角的"添加到轨道"按钮➕，如图 2-43 所示。

步骤 02 ❶拖曳时间指示器至视频 4s 左右的位置；❷调整"录制边框Ⅱ"特效的时长，使其末尾位置在 4s 的位置，如图 2-44 所示。

图 2-43

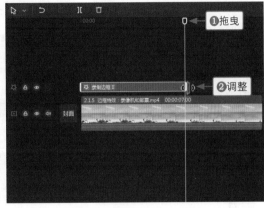

图 2-44

步骤 03 单击"邮票边框"特效右下角的"添加到轨道"按钮➕，如图 2-45 所示，在"录制边框Ⅱ"特效的后面添加第 2 段特效。

步骤 04 ❶在功能区中单击"贴纸"按钮；❷搜索"假日"贴纸；❸单击所需贴纸右下角的"添加到轨道"按钮➕，如图 2-46 所示，添加一个文字贴纸。

图 2-45

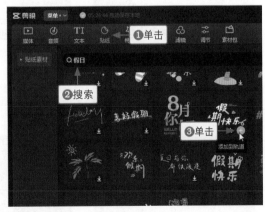

图 2-46

2. 用剪映手机版制作

剪映手机版的操作方法如下。

步骤 01 导入视频，依次点击"特效"按钮和"画面特效"按钮，如图 2-47 所示。

步骤 02 ❶切换至"边框"选项卡；❷选择"录制边框Ⅱ"特效，如图 2-48 所示。

步骤 03 ❶拖曳时间轴至 4s 的位置；❷调整"录制边框Ⅱ"特效的时长，如图 2-49 所示。

图 2-47

图 2-48

图 2-49

步骤 04 在"边框"选项卡中选择"邮票边框"特效，如图 2-50 所示。

步骤 05 在视频 4s 的位置依次点击"贴纸"按钮和"添加贴纸"按钮，如图 2-51 所示。

步骤 06 ❶搜索"假日"贴纸；❷选择一款贴纸，如图 2-52 所示。

图 2-50

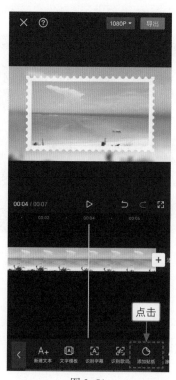

图 2-51

图 2-52

2.1.6 电影特效：制作电影感视频

效果展示 为视频添加"电影感"特效及相应的文字，可以让视频有大荧幕感，效果如图 2-53 所示。

图 2-53

1. 用剪映电脑版制作

剪映电脑版的操作方法如下。

步骤 01 把视频添加到视频轨道中，❶在功能区中单击"特效"按钮；❷切换至"电影"选项卡；❸单击"电影感"特效右下角的"添加到轨道"按钮 ➕，如图 2-54 所示。

步骤 02 调整"电影感"特效的时长，使其末端对齐视频的末尾位置，如图 2-55 所示。

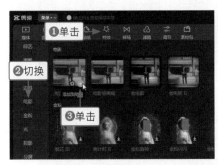

图 2-54   图 2-55

步骤 03 ❶在功能区中单击"文本"按钮；❷在"文字模板"选项卡中切换至"片头标题"选项区；❸单击所需文字模板右下角的"添加到轨道"按钮 ➕，如图 2-56 所示。

步骤 04 ❶在第 1 段文字模板的末尾位置切换至"字幕"选项区；❷单击所需文字模板右下角的"添加到轨道"按钮 ➕，如图 2-57 所示。

图 2-56   图 2-57

步骤 05 ❶更改第 1 段文字模板的所有文字内容；❷设置"缩放"参数为 80%，略微缩小文字，如图 2-58 所示。

步骤 06 ❶更改第 2 段文字模板的所有文字内容；❷调整文字模板的大小和位置，如图 2-59 所示。

步骤 07 ❶单击第 1 段文本右侧的"展开"按钮；❷更改字体，如图 2-60 所示。

图 2-58

图 2-59

图 2-60

2. 用剪映手机版制作

剪映手机版的操作方法如下。

步骤 01 在剪映手机版中导入视频，依次点击"特效"按钮和"画面特效"按钮，❶切换至"电影"选项卡；❷选择"电影感"特效，如图 2-61 所示。

步骤 02 调整"电影感"特效的时长，使其对齐视频的时长，如图 2-62 所示。

步骤 03 在视频起始位置依次点击"文字"按钮和"文字模板"按钮，如图 2-63 所示。

图 2-61

图 2-62

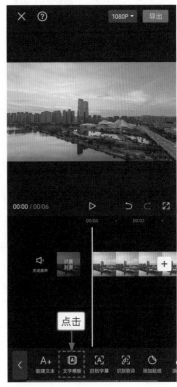
图 2-63

目前剪映手机版中的电影特效比剪映电脑版中的要多一些，多了"旺角街道""重庆大厦""花样""春光"和"黑森林"5 种特效样式，大家可以在其他视频中使用这几款特效。

步骤 04 ❶切换至"片头标题"选项区；❷选择相应的文字模板；❸更改文字内容并调整文字模板的大小，如图 2-64 所示。

步骤 05 ❶在第 1 段文字模板的末尾位置切换至"字幕"选项区；❷选择相应的文字模板；❸更改文字内容并调整文字模板的大小和位置，如图 2-65 所示。

步骤 06 ❶点击 按钮切换至中文文字；❷切换至"字体"选项卡；❸选择合适的字体，如图 2-66 所示。

图 2-64   图 2-65   图 2-66

2.2 应用人物特效

人物特效目前只有剪映手机版中有，因此本节没有介绍剪映电脑版的操作步骤。本节主要介绍应用情绪特效、头饰特效、身体特效、形象特效等人物特效的操作方法。

2.2.1 情绪特效：遇到美食时的表情

效果展示 情绪特效主要用来表达人物的情绪，也可以夸大人物的情绪，让观众更直观地感受到视频的情绪。比如人物生气时可以添加"生气"特效，开心时可以添加"心动"特效；遇到美食时可以添加"好吃"和"真香"特效，效果如图 2-67 所示。

剪映手机版的操作方法如下。

步骤 01 在剪映手机版中导入视频，❶拖曳时间轴至视频 1s 左右人物出现的位置；❷点击"特效"按钮，如图 2-68 所示。

步骤 02 在弹出的工具栏中点击"人物特效"按钮，如图 2-69 所示。

步骤 03 ❶切换至"情绪"选项卡；❷选择"好吃"特效，如图 2-70 所示。

图 2-67

图 2-68　　　　　　　　　　　图 2-69　　　　　　　　　　　图 2-70

步骤 04 在视频 5s 左右人物出现的位置点击"人物特效"按钮，如图 2-71 所示。

步骤 05 在"情绪"选项卡中选择"真香"特效，如图 2-72 所示。

步骤 06 回到主界面，依次点击"音频"按钮和"音效"按钮，如图 2-73 所示。

| 图 2-71 | 图 2-72 | 图 2-73 |

步骤 07 ❶搜索"真香"音效；❷点击所需音效右侧的"使用"按钮，如图 2-74 所示。

步骤 08 ❶选择音效素材；❷点击"音量"按钮，如图 2-75 所示。

步骤 09 设置"音量"参数为 1000，让音效的声音大于背景音乐，如图 2-76 所示。

| 图 2-74 | 图 2-75 | 图 2-76 |

2.2.2 头饰特效：3D 兔兔

效果展示 剪映手机版中的头饰特效主要用于为人物的头部添加装饰，有让眼睛发射光线或光波的特效，也有在头部戴上各种王冠或帽子的特效；还可以添加一些可爱的头饰特效，如兔子耳朵，让人物更加可爱，效果如图 2-77 所示。

图 2-77

剪映手机版的操作方法如下。

步骤 01　在剪映手机版中导入视频，依次点击"特效"按钮和"人物特效"按钮，如图 2-78 所示。

步骤 02　❶切换至"头饰"选项卡；❷选择"3D 兔兔"特效；❸点击 ☑ 按钮确认添加，如图 2-79 所示。

步骤 03　❶调整"3D 兔兔"特效的时长，使其末端对齐视频的末尾位置；❷点击"调整参数"按钮，如图 2-80 所示。

图 2-78　　　　　　　　　　　图 2-79　　　　　　　　　　　图 2-80

步骤 04 在"调整参数"面板中拖曳滑块，设置"大小"参数为 100，可以看到特效中的兔子变大了，如图 2-81 所示。

步骤 05 回到主界面，在视频的起始位置依次点击"音频"按钮和"音乐"按钮，如图 2-82 所示。

步骤 06 进入"添加音乐"界面，搜索"麦浪"音乐，点击所需音乐右侧的"使用"按钮，添加音乐，❶选择音频素材；❷拖曳时间轴至视频末尾位置，点击"分割"按钮，分割音频；❸点击"删除"按钮，如图 2-83 所示，删除多余的音频素材。对于可爱类型的视频，最好选择轻快风格的音乐。

图 2-81

图 2-82

图 2-83

2.2.3 身体特效：发光环绕

效果展示 身体特效主要是针对人物整体的，所以最好应用于全身出镜的视频，让视频中的人物更加动感、有型，效果如图 2-84 所示。

图 2-84

剪映手机版的操作方法如下。

步骤 01 导入视频，依次点击"特效"按钮和"人物特效"按钮，如图 2-85 所示。

步骤 02　❶切换至"身体"选项卡；❷选择"虚拟人生Ⅱ"特效，如图 2-86 所示。

步骤 03　在"虚拟人生Ⅱ"特效的后面点击"人物特效"按钮，如图 2-87 所示。

图 2-85　　　　　　　　　　图 2-86　　　　　　　　　　图 2-87

步骤 04　依次添加"机械姬Ⅱ"和"虚拟人生Ⅰ"身体特效，如图 2-88 所示。

步骤 05　在视频起始位置点击"画面特效"按钮，如图 2-89 所示。

步骤 06　❶切换至"爱心"选项卡；❷选择"怦然心动"特效，如图 2-90 所示，让视频的开场画面更加炫丽。

图 2-88　　　　　　　　　　图 2-89　　　　　　　　　　图 2-90

　有些特效出现的时间只有 2s 左右，把特效时长调整为 4s、6s 或更长是没有用的，因此，部分特效不用额外调整时长。

2.2.4 形象特效：可爱女生

效果展示　形象特效中有人物卡通风格的特效，还有动物动画风格的特效，使用这些特效可以隐藏人物原本的样子，让观众产生好奇感，吸引流量，效果如图 2-91 所示。

图 2-91

剪映手机版的操作方法如下。

步骤 01　导入视频，依次点击"特效"按钮和"人物特效"按钮，如图 2-92 所示。

步骤 02　❶切换至"形象"选项卡；❷选择"可爱女生"特效，如图 2-93 所示，并调整特效的时长，使其对齐视频的时长。

步骤 03　在视频起始位置依次点击"文字"按钮和"识别字幕"按钮，如图 2-94 所示。

图 2-92　　　　　　　　　图 2-93　　　　　　　　　图 2-94

步骤 04 在弹出的面板中点击"开始匹配"按钮，如图 2-95 所示。

步骤 05 人物的台词被识别成字幕之后，点击"编辑"按钮，如图 2-96 所示。

步骤 06 ❶切换至"文字模板"选项卡；❷在"字幕"选项区中选择一款字幕样式；❸略微放大文字，制作台词字幕，如图 2-97 所示。

图 2-95

图 2-96

图 2-97

课后实训：制作变身漫画特效

效果展示 运用剪映手机版中的抖音玩法功能可以让真人变成漫画，然后在剪映电脑版中添加特效，制作变身视频，效果如图 2-98 所示。

图 2-98

本案例主要制作步骤如下。

首先在剪映手机版中导入照片素材，❶选择素材；❷点击"抖音玩法"按钮，如图 2-99 所示。

❶然后在"抖音玩法"面板中选择"港漫"选项；❷合成效果后点击"导出"按钮，导出视频，如图 2-100 所示。

图 2-99

图 2-100

在剪映电脑版中依次把照片素材和导出的漫画人像素材添加到视频轨道中，设置照片素材的时长为 2s，如图 2-101 所示。

❶为两段素材分别添加"变清晰"基础特效和"金粉"金粉特效；❷最后添加合适的背景音乐，如图 2-102 所示。

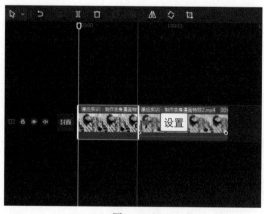
图 2-101

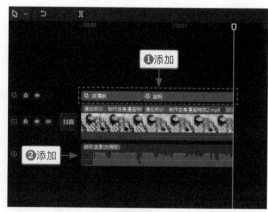
图 2-102

第 3 章　进阶：
使用蒙版合成画面

　　各种照片编辑软件及视频编辑软件中都有蒙版，蒙版起着不可替代的作用，用蒙版制作特效也是一种比较常见的方式。比较特殊的一点是，剪映中一个视频只能使用一次蒙版，如果要对蒙版进行调整，就需要用到关键帧和画中画等功能。本章将从理论到实战介绍如何用蒙版合成特效画面。

3.1 蒙版合成原理

蒙版二字看似晦涩难懂，其实结合生活经验来看的话，就是"蒙在物体上面的板子"，这块板子可以是各种形状，也可以是镂空的，还可以是半透明的、透明的。对于剪映中的蒙版，我们首先需要知道蒙版有哪些样式，然后学习如何使用蒙版合成画面。

3.1.1 认识蒙版

剪映中的蒙版，是将图像半显示半遮挡的一种特效功能，被遮挡的部分一般是透明状态，为我们提供了很多的操作空间。

在剪映电脑版中，"蒙版"选项卡中有 6 种蒙版样式，分别是"线性""镜面""圆形""矩形""爱心"和"星形"，如图 3-1 所示。

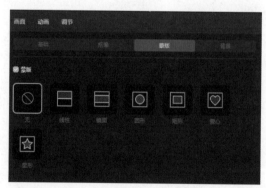

图 3-1

在剪映手机版中导入素材，❶选择素材；❷点击"蒙版"按钮，进入"蒙版"面板，其中显示了 6 种蒙版选项，如图 3-2 所示。

图 3-2

在剪映电脑版中，蒙版样式中的各个按钮和参数都有不同的用处，下面将带大家认识这些按钮和参数。

在剪映电脑版中选择"线性"蒙版，蒙版下面有"位置""旋转"和"羽化"等参数，参数最右边还有"添加关键帧"按钮◇，通过调整这些参数，可以更改蒙版线的位置、旋转角度，以及边缘羽化程度。在"播放器"面板中，向上、下、左、右拖曳⊙按钮可以调整旋转角度；向上或向下拖曳⌃按钮，可以调整羽化程度，如图 3-3 所示。

选择"镜面"蒙版，向上拖曳▭按钮，即可放大镜面蒙版；向下拖曳▭按钮，即可缩小镜面蒙版。右上角的三个按钮，分别是"反转"按钮⧄，用于改变蒙版的遮盖范围；"重置"按钮↺，用于重置所有的操作和设置；"添加关键帧"按钮◇，如图 3-4 所示。

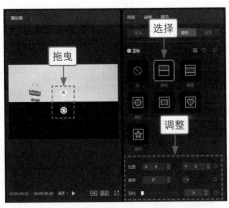

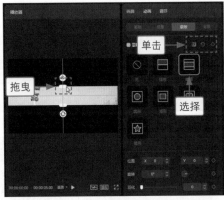

图 3-3   图 3-4

选择"圆形"蒙版，沿对角线向外拖曳⊙按钮可以放大圆形蒙版；向内拖曳可以缩小圆形蒙版，如图 3-5 所示。

选择"矩形"蒙版，沿对角线向外拖曳⊙按钮可以让矩形蒙版的直角边变成圆角；向内拖曳可以复原为直角边，如图 3-6 所示。

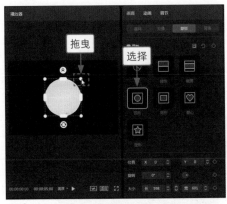

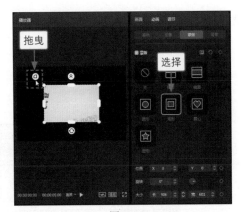

图 3-5   图 3-6

3.1.2 如何用蒙版合成画面

效果展示   使用剪映中的蒙版功能可以将两个素材合成为一个素材，如制作蓝底黄字的星星动画样式，效果如图 3-7 所示。

图 3-7

1. 用剪映电脑版制作

剪映电脑版的操作方法如下。

步骤 01 在剪映电脑版中依次导入黄色素材和蓝色素材，单击蓝色素材右下角的"添加到轨道"按钮➕，如图 3-8 所示。

步骤 02 把蓝色素材添加到视频轨道中，拖曳黄色素材至画中画轨道中，对齐视频轨道中蓝色素材的位置，如图 3-9 所示。

图 3-8   图 3-9

步骤 03 ❶在"画面"操作区中切换至"蒙版"选项卡；❷选择"星形"蒙版；❸向内拖曳▣按钮，略微缩小蒙版，如图 3-10 所示。

步骤 04 ❶单击"动画"按钮；❷切换至"组合"选项卡；❸选择"海盗船Ⅲ"动画，让黄色星星动起来，如图 3-11 所示，最后添加合适的背景音乐。

图 3-10

图 3-11

2. 用剪映手机版制作

剪映手机版的操作方法如下。

步骤 01 在剪映手机版中导入蓝色素材，设置素材的时长为 5s，点击"画中画"按钮，如图 3-12 所示。

步骤 02 在弹出的工具栏中点击"新增画中画"按钮，如图 3-13 所示。

步骤 03 在"照片"选项卡中添加黄色素材，❶调整黄色素材的时长，使其对齐蓝色素材的时长；❷点击"蒙版"按钮，如图 3-14 所示。

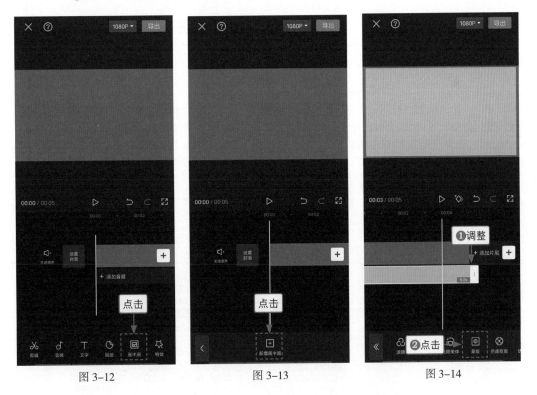

图 3-12　　　　　　　　　图 3-13　　　　　　　　　图 3-14

步骤 04 ❶选择"星形"蒙版；❷双指向内捏合略微缩小蒙版，如图 3-15 所示。

步骤 05 依次点击"动画"按钮和"组合动画"按钮，如图 3-16 所示。

步骤 06 在"组合动画"面板中选择"海盗船Ⅲ"动画，如图 3-17 所示，最后添加合适的背景音乐。

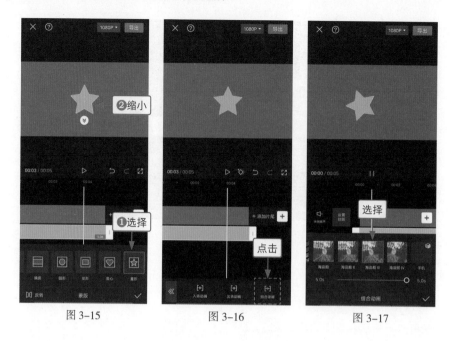

图 3-15　　　　　　　图 3-16　　　　　　　图 3-17

3.2　蒙版合成特效实战案例

在剪映中制作特效离不开蒙版这个功能，不同形状的蒙版可以制作不同的特效，从而合成各种画面和效果。本节主要介绍用线性蒙版、圆形蒙版、镜面蒙版和矩形蒙版制作特效的实战案例。

3.2.1　线性蒙版：场景合成

效果展示　在制作这个特效之前，我们需要固定镜头拍摄一段人物沿直线行走的视频。视频中的人物要假装在河边行走，同时还要准备一段河流视频，后期通过线性蒙版将两个视频中的场景合成在一起，制作人物在河流边行走的画面，效果如图 3-18 所示。

图 3-18

1. 用剪映电脑版制作

剪映电脑版的操作方法如下。

步骤 01 在剪映电脑版中导入人物视频和河流视频，单击人物视频右下角的"添加到轨道"按钮，如图 3-19 所示。

步骤 02 把人物视频添加到视频轨道中，拖曳河流视频至画中画轨道中，对齐视频轨道中的人物视频，如图 3-20 所示。

步骤 03 ①在"位置大小"选项区中设置"缩放"参数为 144%，放大河流视频；②调整河流视频的画面位置，使其处于画面下方的位置，如图 3-21 所示。

图 3-19

图 3-20

图 3-21

步骤 04 ①切换至"蒙版"选项卡；②选择"线性"蒙版；③调整蒙版线的角度和位置，使河流在人物脚下；④设置"羽化"参数为 4，让边缘过渡更加自然，如图 3-22 所示。

图 3-22

步骤 05　❶在"功能区"中单击"音频"按钮；❷切换至"音效素材"选项卡；❸搜索"河流"音效；❹单击"河流和鸟"音效右下角的"添加到轨道"按钮 ⊕，如图 3-23 所示。

步骤 06　添加音效并调整其时长，使其末端对齐视频的末尾位置，如图 3-24 所示。

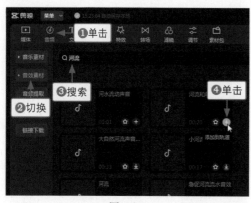

图 3-23　　　　　　　　　　　　　　　　　　　　图 3-24

2. 用剪映手机版制作

剪映手机版的操作方法如下。

步骤 01　导入人物视频，依次点击"画中画"按钮和"新增画中画"按钮，如图 3-25 所示。

步骤 02　在"视频"选项区中添加河流视频，❶调整河流视频的画面大小和位置；❷点击"蒙版"按钮，如图 3-26 所示。

步骤 03　❶选择"线性"蒙版；❷调整蒙版线的角度和位置，让河流处于人物脚下；❸拖曳 ❮ 按钮羽化边缘，如图 3-27 所示。

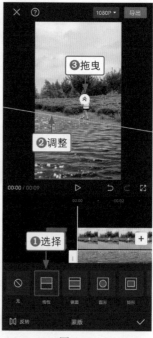

图 3-25　　　　　　　　　　　图 3-26　　　　　　　　　　　图 3-27

步骤 04　在视频起始位置依次点击"音频"按钮和"音效"按钮，如图 3-28 所示。

步骤 05　❶搜索"河流"音效；❷点击"河流和鸟"音效右侧的"使用"按钮，如图 3-29 所示。

步骤 06　调整"河流和鸟"音效的时长，使其对齐视频的时长，如图 3-30 所示。

图 3-28　　　　　　　　　　　　图 3-29　　　　　　　　　　　　图 3-30

3.2.2　圆形蒙版：合成物体

效果展示　在制作特效之前，需要固定镜头拍摄一段手从画面外伸进来的视频，以及一段魔方视频。在剪映中运用圆形蒙版把魔方合成到人物的手上，制作变出魔方的画面，效果如图 3-31 所示。

图 3-31

1. 用剪映电脑版制作

剪映电脑版的操作方法如下。

步骤 01　在剪映电脑版中导入人物伸手的视频和魔方视频，添加人物视频至视频轨道中，在人物视频末尾位置单击"定格"按钮，如图 3-32 所示，定格画面。

步骤 02 拖曳魔方视频至画中画轨道中，在魔方视频的末尾位置单击"定格"按钮 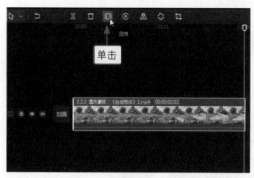，定格画面，❶选择多余的魔方视频；❷单击"删除"按钮 🗑，如图 3-33 所示。

图 3-32

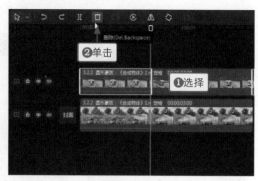

图 3-33

步骤 03 选择魔方定格素材，❶切换至"蒙版"选项卡；❷选择"圆形"蒙版；❸调整蒙版的大小和位置；❹设置"羽化"参数为 2，让边缘过渡更加自然，如图 3-34 所示。

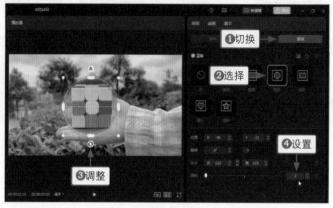

图 3-34

步骤 04 ❶在功能区中单击"特效"按钮；❷切换至"氛围"选项卡；❸单击"星火炸开"特效右下角的"添加到轨道"按钮 ⊕，如图 3-35 所示，添加特效。

步骤 05 ❶在功能区中单击"文本"按钮；❷在"文字模板"选项卡中切换至"好物种草"选项区；❸单击所需文字模板右下角的"添加到轨道"按钮 ⊕，如图 3-36 所示。

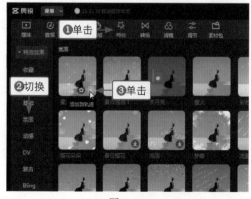

图 3-35

图 3-36

步骤 06　❶更改文字内容；❷在操作区中单击"朗读"按钮；❸选择"知识讲解"选项；❹单击"开始朗读"按钮，如图 3-37 所示，为视频添加讲解音频。

图 3-37

步骤 07　❶在功能区中单击"音频"按钮；❷在"音效素材"选项卡中切换至 BGM 选项区；❸单击"前奏 2"音效右下角的"添加到轨道"按钮，如图 3-38 所示，添加音效。

步骤 08　❶调整"前奏 2"音效的时长；❷添加"闪闪亮 2"魔法音效，如图 3-39 所示。

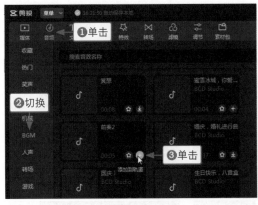

图 3-38

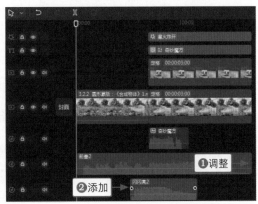

图 3-39

2. 用剪映手机版制作

剪映手机版的操作方法如下。

步骤 01　导入并选择人物视频，在视频末尾位置点击"定格"按钮，如图 3-40 所示。

步骤 02　在画中画轨道中添加魔方视频，在视频末尾位置定格画面，❶选择多余的魔方视频；❷点击"删除"按钮，如图 3-41 所示，并略微调整定格素材的轨道位置。

步骤 03　选择魔方定格素材，点击"蒙版"按钮，❶选择"圆形"蒙版；❷调整蒙版的大小和位置；❸拖曳 ≽ 按钮羽化边缘，如图 3-42 所示。

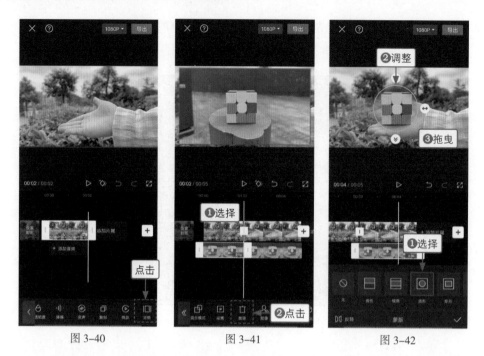

| 图 3-40 | 图 3-41 | 图 3-42 |

步骤 04 在定格素材的起始位置依次点击"文字"按钮和"文字模板"按钮；❶切换至"好物种草"选项区；❷选择一款文字模板；❸更改文字内容，如图 3-43 所示。

步骤 05 ❶选择文字素材；❷点击"文本朗读"按钮，如图 3-44 所示。

步骤 06 ❶切换至"男声音色"选项卡；❷选择"知识讲解"选项；❸点击 ✓ 按钮，如图 3-45 所示，即可下载音频素材。

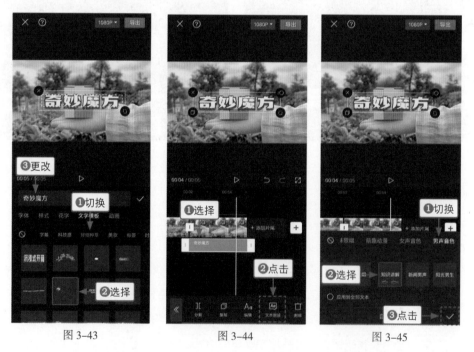

| 图 3-43 | 图 3-44 | 图 3-45 |

步骤 07 在视频起始位置依次点击"音频"按钮和"音效"按钮；❶切换至 BGM 选项卡；❷点击"前奏 2"音效右侧的"使用"按钮，如图 3-46 所示，添加音效并调整其时长。

步骤 08 在视频 1s 左右的位置添加"闪闪亮 2"魔法音效，如图 3-47 所示。

步骤 09　在定格素材的起始位置依次点击"特效"按钮和"画面特效"按钮，❶切换至"氛围"选项卡；❷选择"星火炸开"特效，如图 3-48 所示，添加特效。

图 3-46　　　　　　　　图 3-47　　　　　　　　图 3-48

3.2.3　镜面蒙版: 天空之城

效果展示　制作天空之城特效需要准备两段城市视频，用镜面蒙版把两段视频合成在一起，制作出一座城市上方悬挂着另一座城市的画面，效果如图 3-49 所示。

图 3-49

1. 用剪映电脑版制作

剪映电脑版的操作方法如下。

步骤 01　在剪映电脑版中导入两段城市视频，单击第 1 段视频右下角的"添加到轨道"按钮 ，如图 3-50 所示，把第 1 段视频添加到视频轨道中。

步骤 02　拖曳第 2 段视频至画中画轨道中，❶单击"关闭原声"按钮 ，设置视频为静音；❷双击"旋转"按钮 ，旋转画面；❸单击"镜像"按钮 ，翻转画面，如图 3-51 所示。

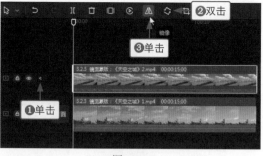

图 3-50　　　　　　　　　　　　　　　　　图 3-51

步骤 03　调整第 2 段视频的画面位置，露出城市和天空，如图 3-52 所示。

步骤 04　❶切换至"蒙版"选项卡；❷选择"镜面"蒙版；❸调整蒙版的大小和位置；❹设置
"羽化"参数为 16，让边缘过渡更加自然，如图 3-53 所示。

图 3-52

图 3-53

2. 用剪映手机版制作

剪映手机版的操作方法如下。

步骤 01　导入第 1 段视频，点击 + 按钮，如图 3-54 所示，在"视频"选项区中添加视频。

步骤 02　❶选择第 1 段视频；❷点击"切画中画"按钮，如图 3-55 所示。

步骤 03　把视频切换至画中画轨道中，点击"编辑"按钮，如图 3-56 所示。

步骤 04　❶连续点击两次"旋转"按钮；❷点击"镜像"按钮；❸调整视频的画面位置，露出城市和天空，如图 3-57 所示。

步骤 05 点击 "蒙版" 按钮，❶选择 "镜面" 蒙版；❷调整蒙版的大小和位置；❸拖曳 ☆ 按钮羽化边缘，如图 3-58 所示。

步骤 06 点击 "音量" 按钮，设置 "音量" 参数为 0，如图 3-59 所示。

图 3-54

图 3-55

图 3-56

图 3-57

图 3-58

图 3-59

3.2.4 矩形蒙版：分身视频

效果展示 影视作品中经常出现的一人分饰两角，是分身视频的一种。在剪映中运用矩形蒙版就可以合成该特效，让两个"我"出现在同一个画面中，效果如图 3-60 所示。

图 3-60

1. 用剪映电脑版制作

剪映电脑版的操作方法如下。

步骤 01 在剪映电脑版中导入两段固定镜头拍摄好的人物视频，单击第 1 段视频右下角的"添加到轨道"按钮，如图 3-61 所示，把素材添加到视频轨道中。

步骤 02 拖曳第 2 段视频至画中画轨道中，如图 3-62 所示。

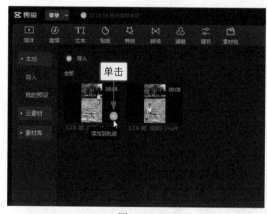

图 3-61

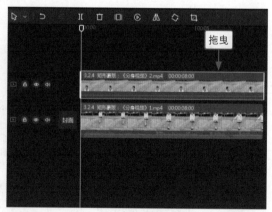

图 3-62

步骤 03 ❶切换至"蒙版"选项卡；❷选择"矩形"蒙版；❸调整蒙版的位置；❹设置"羽化"参数为 2，让边缘过渡更加自然，如图 3-63 所示。

图 3-63

2. 用剪映手机版制作

剪映手机版的操作方法如下。

步骤 01 在剪映手机版中导入第 1 段视频，点击 + 按钮，如图 3-64 所示。

步骤 02 ❶在"视频"选项区中选择第 2 段视频；❷点击"添加"按钮，如图 3-65 所示。

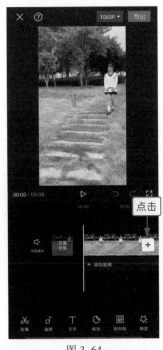

图 3-64

图 3-65

步骤 03 ❶选择第 1 段视频；❷点击"切画中画"按钮，如图 3-66 所示。

步骤 04 把视频切换至画中画轨道中，点击"蒙版"按钮，如图 3-67 所示。

步骤 05 ❶选择"矩形"蒙版；❷拖曳 ↕ 按钮调整蒙版的形状；❸调整蒙版的位置，制作分身特效视频，如图 3-68 所示。

图 3-66

图 3-67

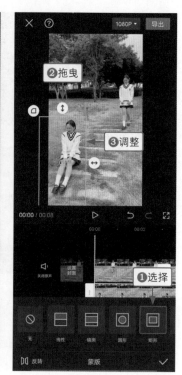

图 3-68

课后实训：制作拼图抽线特效

效果展示 拼图抽线特效主要是用线性蒙版制作的，除了对角线拼图抽线，还有上下拼图、左右拼图、三分线拼图等抽线，都可以用蒙版制作出来，效果如图 3-69 所示。

图 3-69

本案例主要制作步骤如下。

❶首先单击视频右下角的"添加到轨道"按钮➕，将视频添加到视频轨道中，❷拖曳同一段视频至第 1 条画中画轨道和第 2 条画中画轨道中；❸向右拖曳第 2 条画中画轨道中视频左侧的白框，调整其时长，使其起始位置处于视频 00:00:01:20 的位置，如图 3-70 所示。

选择视频轨道中的视频，❶切换至"蒙版"选项卡；❷选择"线性"蒙版；❸调整蒙版线的角度和位置，使其处于对角线的位置，如图 3-71 所示。

选择第 1 条画中画轨道中的视频，❶在"蒙版"选项卡中选择"线性"蒙版；❷调整蒙版线的角度和位置，使两条蒙版线之间有一根细细的黑条，相应的"位置"和"旋转"参数如图 3-72 所示。

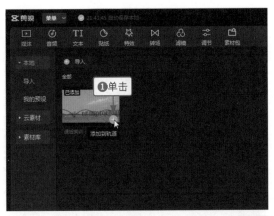 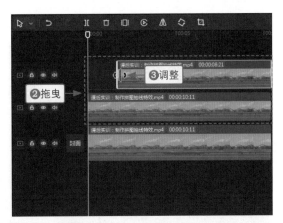

图 3-70

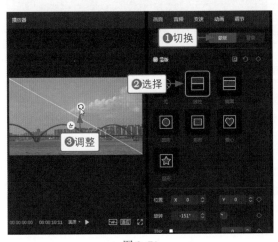 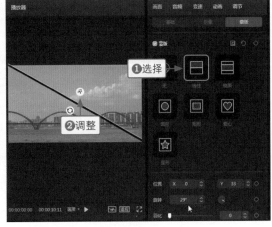

图 3-71   图 3-72

选择第 2 条画中画轨道中的视频，❶在 "蒙版" 选项卡中选择 "线性" 蒙版；❷调整蒙版线的角度和位置，使其处于画面左上角；❸在 "位置" 参数右侧添加关键帧◆，如图 3-73 所示。

拖曳时间指示器至视频 3s 的位置，调整蒙版线的位置，使其处于画面右下角，如图 3-74 所示。

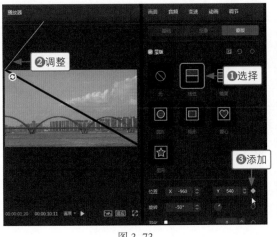 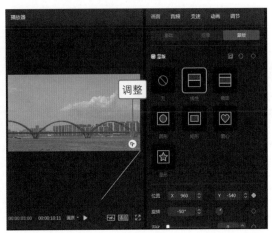

图 3-73   图 3-74

选择视频轨道中的视频，❶在操作区中单击 "动画" 按钮；❷在 "入场" 选项卡中选择 "向下滑动" 动画；❸设置 "动画时长" 为 1.0s；❹为第 1 条画中画轨道中的素材选择 "向上滑动" 入场动画，并设置"动画时长"为 1.0s，如图 3-75 所示。

图 3-75

在剪映的"素材库"选项卡中，可以搜索和添加视频素材，如在搜索栏中搜索"河流"，就可以下载和添加河流视频。

第 4 章 提高：
混合模式合成效果

在剪映中合成和制作特效视频，使用最多的特效素材就是绿幕特效素材和黑底或白底的特效素材。对于绿幕特效素材，后面的章节中我们会学习色度抠图功能，将其抠出和合成；对于黑底或白底的特效素材，使用混合模式功能是最简单的处理方式，而且不同的特效素材，设置混合模式的选项也会有所差异。

4.1 混合模式合成原理

混合模式相较于其他在剪映一级工具栏中就可以看到的功能而言，其出现是有条件的。混合模式需要将两个以上的视频相互叠加，也就是画中画轨道中必须有一段视频，而且主要应用范围也是针对画中画轨道中的视频。本节将介绍混合模式合成原理。

4.1.1 认识混合模式

在剪映电脑版中，在"混合"选项区中单击"混合模式"下拉按钮，将显示 11 种混合模式选项，分别是"正常""变亮""滤色""变暗""叠加""强光""柔光""颜色加深""线性加深""颜色减淡"和"正片叠底"，如图 4-1 所示。

图 4-1

在剪映手机版中，导入视频，在画中画轨道中添加视频，❶选择画中画轨道中的素材；❷点击"混合模式"按钮，就可以进入"混合模式"面板，其中显示了 11 种选项，如图 4-2 所示。

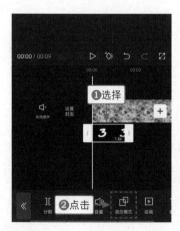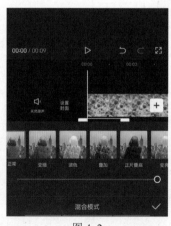

图 4-2

混合模式是多个视频叠加在一起的状态，我们可以把这 11 种混合模式选项分为 4 个类型。

1. 正常组

正常组主要有"正常"选项。

"正常"选项主要是通过设置"不透明度"参数进行调节的。"不透明度"参数越高，画中画轨道中的视频就越清晰；反之，视频轨道中的视频就越清晰，如图 4-3 所示。不需要设置混合模式的时候，就可以选择"正常"选项。

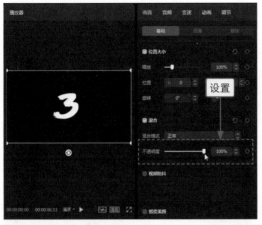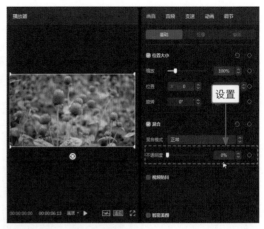

图 4-3

2. 去亮组

去亮组主要有"变暗""正片叠底""颜色加深"和"线性加深"选项。去亮组混合模式的功能主要是去除画面中较亮的部分，留下较暗的部分，一般用于处理底色为白色的特效素材。

● 变暗：去除画中画轨道中视频的白色部分，从而让视频轨道中的视频变得清晰，黑色的部分会被保留，如图 4-4 所示。

● 正片叠底：主要是混合出来的结果，所以暗处和阴影部分会非常明显，如图 4-5 所示。

● 颜色加深：通过增加对比度，使画中画轨道中图像的颜色加深，使暗处更暗甚至直接变黑，而忽略较亮的部分。

● 线性加深：与颜色加深的效果相似，不过饱和度会低一些，过渡部分也更柔和一些。

> 在"变暗"模式下，当视频轨道中画面的部分颜色饱和度高于画中画轨道中特效素材的颜色时，特效素材的部分颜色不会显现；反之则会显现。

图 4-4   图 4-5

3. 去暗组

去暗组主要有"滤色""变亮"和"颜色减淡"选项，主要是去除画面中较暗的部分，留下较亮的部分，一般用于处理底色为黑色的特效素材。

● 滤色：对于同一特效素材的处理，滤色中的特效颜色更浅、更亮，如图 4-6 所示。

● 变亮：对于同一特效素材的处理，变亮中的特效会更暗一些，如图 4-7 所示。

● 颜色减淡：降低特效素材的对比度，使特效的颜色变亮，高光部分甚至会过曝。

图 4-6　　　　　　　　　　　　　　　　　图 4-7

4. 对比组

对比组主要有"叠加""强光"和"柔光"选项。一般像素的亮度值在 0 至 255 之间，共 256 级，这个组以中间调 128 级为界限。图 4-8 所示为像素亮度图。

图 4-8

● 叠加：当特效素材的亮度低于 128 级时，采用类似正片叠底的方式混合；当特效素材的亮度高于 128 级时，则采用类似滤色的方式混合。混合后的亮度取决于特效素材的亮度。

● 强光：混合方式和叠加一样，但主要是以视频轨道中视频的亮度等级为标准，最终混合亮度取决于视频轨道中视频的亮度。

● 柔光：混合方式和叠加一样，最终亮度与强光一样，不过柔光过渡比强光柔和很多。

4.1.2　用混合模式合成画面

效果展示　在用混合模式合成画面之前，我们需要先制作一段黑底白字的文字素材，然后将文字素材用混合模式合成到视频中，效果如图 4-9 所示。

图 4-9

1. 用剪映电脑版制作

剪映电脑版的操作方法如下。

步骤 01　❶在剪映电脑版中切换至"素材库"选项卡；❷在"热门"选项区中单击黑场视频素材右下角的"添加到轨道"按钮➕，如图 4-10 所示，添加素材。

步骤 02　❶在功能区中单击"文本"按钮；❷单击"默认文本"右下角的"添加到轨道"按钮➕，如图 4-11 所示，添加文本并调整其时长。

步骤 03　❶输入文字内容；❷选择合适的字体；❸放大文字，如图 4-12 所示。

步骤 04　拖曳时间指示器至视频 4s 的位置，在"位置大小"选项区中为"缩放"和"位置"参数添加关键帧◆，如图 4-13 所示。

图 4-10　　　　　　　　　　　　　　　　　图 4-11

图 4-12

图 4-13

步骤 05 在视频的起始位置将文字放大至最大，让画面变白，"缩放"和"位置"参数如图 4-14 所示，也可以通过设置参数放大文字，之后单击"导出"按钮导出文字素材。

图 4-14

步骤 06 在剪映电脑版中导入刚才导出的文字素材和背景视频素材，单击背景视频素材右下角的"添加到轨道"按钮 ⊕，如图 4-15 所示，把背景视频素材添加到视频轨道中。

步骤 07 拖曳文字素材至画中画轨道中，对齐视频轨道中素材的时长，如图 4-16 所示。

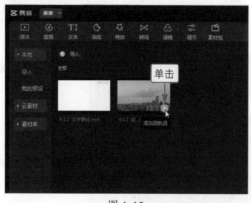

图 4-15

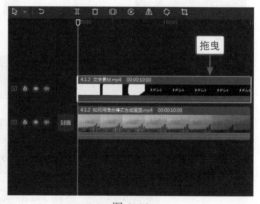

图 4-16

步骤 08 在"混合"选项区中设置"混合模式"为"变暗"，合成文字，如图 4-17 所示。

图 4-17

2. 用剪映手机版制作

剪映手机版的操作方法如下。

步骤 01 打开剪映手机版，❶切换至"素材库"选项卡；❷在"热门"选项区中选择黑场素材；
❸点击"添加"按钮，如图 4-18 所示。

步骤 02 依次点击"文字"按钮和"新建文本"按钮，❶输入文字；❷选择字体；❸放大文字，
如图 4-19 所示。

步骤 03 设置黑色素材和文字的时长都为 10s，在 4s 的位置点击◇◇按钮为文字添加关键帧，如
图 4-20 所示。

图 4-18

图 4-19

图 4-20

步骤 04 ❶拖曳时间轴至视频起始位置；❷尽量放大文字；❸点击"导出"按钮，如图 4-21 所
示，由于手机版不能把文字放大至画面为白色，最终效果会有些许差异。

步骤 05 在剪映手机版中把背景视频导入视频轨道中，把文字素材添加到画中画轨道中，❶调整文字素材的画面位置，覆盖背景画面；❷点击"混合模式"按钮，如图 4-22 所示。

步骤 06 在"混合模式"面板中选择"变暗"选项，合成文字，如图 4-23 所示。

在剪映手机版中设置文字大小的时候，文字通过双指放大，最大值是小于电脑版的，电脑版可以设置"缩放"参数进行放大，最大值为 9999%。

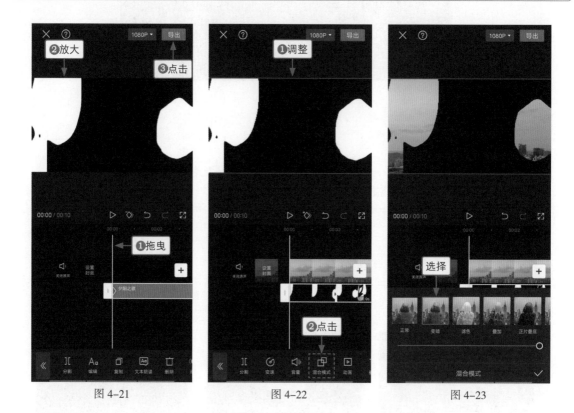

图 4-21　　　　　　　　图 4-22　　　　　　　　图 4-23

4.2 混合模式合成特效实战案例

在认识了混合模式和学会用混合模式合成画面之后，本节将带领大家在实战案例中学习用混合模式合成特效。

4.2.1 滤色模式：合成月亮

效果展示 有些夜景视频中没有月亮，通过后期添加月亮素材，并设置滤色模式，可以合成月亮，效果如图 4-24 所示。

图 4-24

1. 用剪映电脑版制作

剪映电脑版的操作方法如下。

步骤 01 在剪映电脑版中导入夜景视频和月亮素材，单击夜景视频右下角的"添加到轨道"按钮➕，如图 4-25 所示。

步骤 02 把视频添加到视频轨道中，拖曳月亮素材至画中画轨道中，如图 4-26 所示。

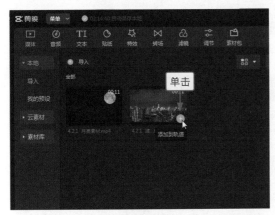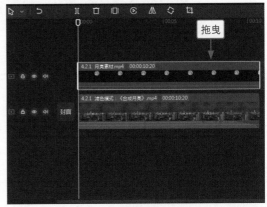

图 4-25　　　　　　　　　　　　　　　　　　　图 4-26

步骤 03 ❶设置"混合模式"为"滤色"；❷设置"缩放"参数为 56%，缩小月亮素材；❸调整月亮素材的画面位置，如图 4-27 所示。

图 4-27

步骤 04 ❶切换至"蒙版"选项卡；❷选择"圆形"蒙版；❸调整蒙版的大小和位置，使其圈出月亮；❹设置"羽化"参数为 34，让月亮融入夜景视频中，如图 4-28 所示。

步骤 05 ❶在功能区中单击"特效"按钮；❷切换至 Bling 选项卡；❸单击"星河 Ⅱ"特效右下角的"添加到轨道"按钮 ⊕，如图 4-29 所示，添加特效。

步骤 06 在"星河 Ⅱ"特效的后面添加"星夜"Bling 特效，并调整时长，如图 4-30 所示。

图 4-28

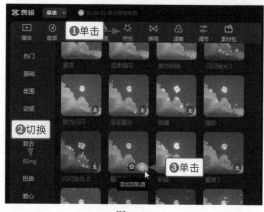

图 4-29

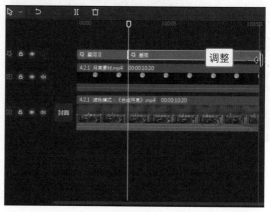

图 4-30

2. 用剪映手机版制作

剪映手机版的操作方法如下。

步骤 01 依次导入月亮视频和夜景视频，❶选择第 1 段月亮视频；❷点击"切画中画"按钮，如图 4-31 所示。

步骤 02 把月亮视频切换至画中画轨道中，点击"混合模式"按钮，如图 4-32 所示。

步骤 03 选择"滤色"模式；调整月亮素材的画面大小和位置，如图 4-33 所示。

步骤 04 点击"蒙版"按钮，❶选择"圆形"蒙版；❷调整蒙版的大小和位置，使其圈出月亮；❸拖曳 ✕ 按钮羽化边缘，如图 4-34 所示。

步骤 05 在视频起始位置依次点击"特效"按钮和"画面特效"按钮，❶切换至 Bling 选项卡；❷选择"星河 Ⅱ"特效，如图 4-35 所示。

步骤 06 在"星河Ⅱ"特效的后面添加"星夜"Bling 特效，并调整"星夜"特效的时长，使其末端对齐视频的末尾位置，如图 4-36 所示。

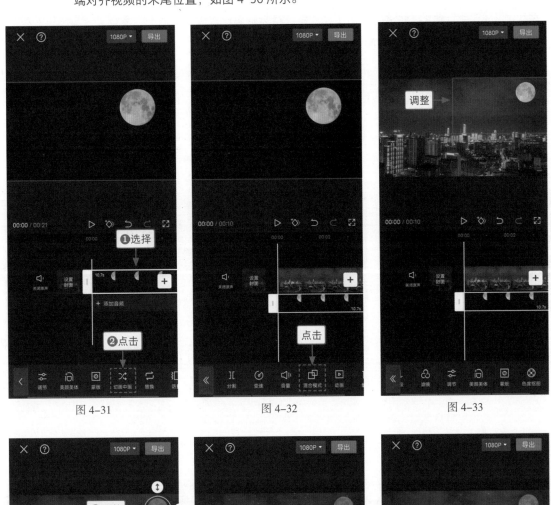

图 4-31　　　　　　　　　图 4-32　　　　　　　　　图 4-33

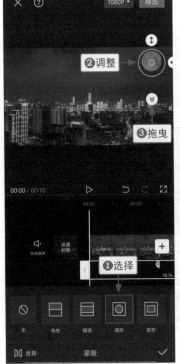

图 4-34

图 4-35

图 4-36

4.2.2　颜色减淡：召唤鲸鱼

效果展示　通过设置颜色减淡混合模式，可以把鲸鱼素材合成到画面中，制作人物召唤出鲸鱼的效果，画面非常奇幻和浪漫，效果如图 4-37 所示。

图 4-37

1. 用剪映电脑版制作

剪映电脑版的操作方法如下。

步骤 01　在剪映电脑版中导入人物视频和鲸鱼素材，单击人物视频右下角的"添加到轨道"按钮，如图 4-38 所示，把视频添加到视频轨道中。

步骤 02　拖曳鲸鱼素材至画中画轨道中，使其末端对齐人物视频的末端，如图 4-39 所示。

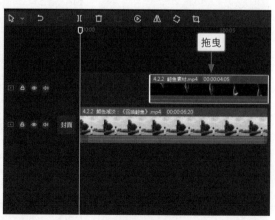

图 4-38　　　　　　　　　图 4-39

步骤 03 ❶设置"混合模式"为"颜色减淡"；❷设置"缩放"参数为 52%，缩小鲸鱼素材；❸调整鲸鱼素材的位置，使其处于人物上方，如图 4-40 所示。

图 4-40

步骤 04 拖曳时间指示器至视频的起始位置，❶在功能区中单击"滤镜"按钮；❷切换至"黑白"选项卡；❸单击"默片"滤镜右下角的"添加到轨道"按钮 ➕，如图 4-41 所示，添加滤镜。

步骤 05 ❶调整"默片"滤镜的时长，使其末端对齐鲸鱼素材的起始位置；❷在"默片"滤镜的后面添加"柠青"风景滤镜，并调整其时长，如图 4-42 所示。

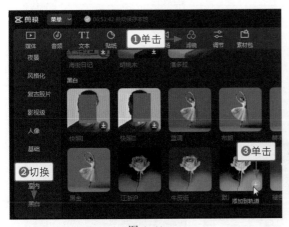

图 4-41

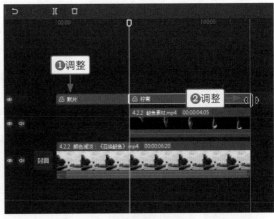

图 4-42

步骤 06 拖曳时间指示器至视频起始位置，❶在功能区中单击"特效"按钮；❷切换至"暗黑"选项卡；❸单击"黑羽毛"特效右下角的"添加到轨道"按钮 ➕，如图 4-43 所示，添加特效。

步骤 07 ❶调整"黑羽毛"特效的时长，使其末尾位置对齐鲸鱼素材的起始位置；❷在"黑羽毛"特效的后面添加"星火炸开"氛围特效和"仙女变身Ⅱ"金粉特效，并调整"仙女变身Ⅱ"特效的时长，如图 4-44 所示。

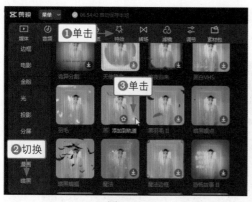

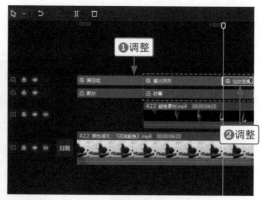

图 4-43　　　　　　　　　　　　　　　　图 4-44

2. 用剪映手机版制作

剪映手机版的操作方法如下。

步骤 01　在视频轨道中导入人物视频，把鲸鱼素材添加到画中画轨道中，❶调整鲸鱼素材的轨道位置；❷点击"混合模式"按钮，如图 4-45 所示。

步骤 02　❶选择"颜色减淡"选项；❷调整鲸鱼素材的画面大小和位置，如图 4-46 所示。

步骤 03　在视频起始位置点击"滤镜"按钮，❶在"黑白"选项区中选择"默片"滤镜；❷设置参数为 100，如图 4-47 所示。

图 4-45　　　　　　　　　图 4-46　　　　　　　　　图 4-47

步骤 04　❶调整"默片"滤镜的时长，使其末端对齐鲸鱼素材的起始位置；❷在"默片"滤镜的后面添加"柠青"风景滤镜，并调整其时长，如图 4-48 所示。

步骤 05　在视频起始位置依次点击"特效"按钮和"画面特效"按钮，❶切换至"暗黑"选项卡；

②选择"黑羽毛"特效，如图 4-49 所示。

步骤 06　①调整"黑羽毛"特效的时长，使其末端对齐鲸鱼素材的起始位置；②在"黑羽毛"特效的后面添加"星火炸开"氛围特效和"仙女变身Ⅱ"金粉特效，如图 4-50 所示。

图 4-48

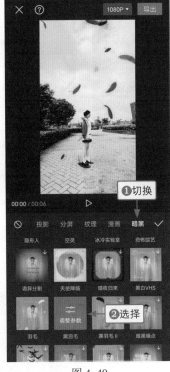

图 4-49

图 4-50

4.2.3　正片叠底：影子特效

效果展示　影视片中表达人物眩晕的时候，会制作影子特效。在剪映中通过设置正片叠底混合模式和不透明度，就能制作出影子特效，效果如图 4-51 所示。

图 4-51

1. 用剪映电脑版制作

剪映电脑版的操作方法如下。

步骤 01 在剪映电脑版中导入人物视频，单击人物视频右下角的"添加到轨道"按钮 ⊕ ，如图 4-52 所示，把视频添加到视频轨道中。

步骤 02 拖曳同一段人物视频至画中画轨道中，如图 4-53 所示。

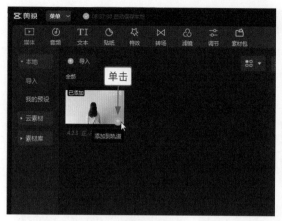

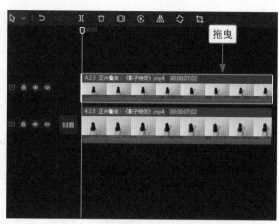

图 4-52

图 4-53

步骤 03 ❶设置"混合模式"为"正片叠底"；❷拖曳滑块，设置"不透明度"参数为 40%，如图 4-54 所示。

图 4-54

步骤 04 ❶切换至"抠像"选项卡；❷选中"智能抠像"复选框，抠出人像作为影子；❸调整影子的画面位置，使其处于人物右边的位置，如图 4-55 所示。

步骤 05 在时间线面板中复制第 1 条画中画轨道中的影子，粘贴至第 2 条画中画轨道中；通过设置"位置"参数，调整影子的画面位置，使其处于人物左边的位置，如图 4-56 所示。

步骤 06 ❶在功能区中单击"特效"按钮；❷切换至"光"选项卡；❸单击"光晕"特效右下角的"添加到轨道"按钮 ⊕ ，如图 4-57 所示，添加特效。

图 4-55

图 4-56

步骤 07 调整"光晕"特效的时长，使其末端对齐视频的末尾位置，如图 4-58 所示。

图 4-57

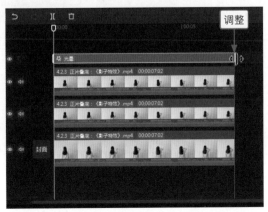

图 4-58

在制作出影子特效之后，还可以为影子素材添加一些入场动画或组合动画，让影子动起来，增加画面的眩晕感。

2. 用剪映手机版制作

剪映手机版的操作方法如下。

步骤 01 在视频轨道和画中画轨道中导入同一段人物视频，❶选择画中画轨道中的视频；❷点击"混合模式"按钮，如图 4-59 所示。

步骤 02 ❶选择"正片叠底"选项；❷设置参数为 40，制作影子；❸调整影子的画面位置，使其处于人物右边的位置，如图 4-60 所示。

步骤 03 依次点击"抠像"按钮和"智能抠像"按钮，抠出人像，如图 4-61 所示。

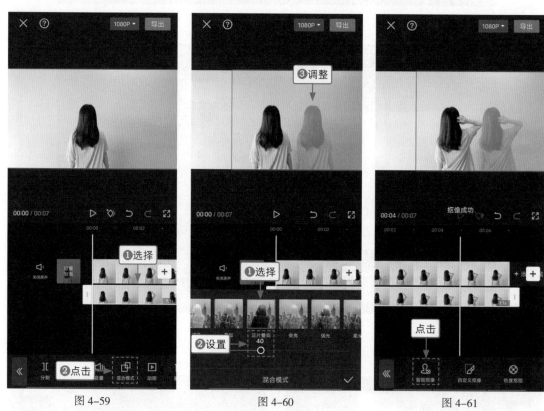

图 4-59   图 4-60   图 4-61

步骤 04 点击"复制"按钮，如图 4-62 所示，复制影子。

步骤 05 ❶把复制的影子拖曳至第 2 条画中画轨道中；❷调整影子的画面位置，使其处于人物左边的位置，如图 4-63 所示。

步骤 06 在视频起始位置依次点击"特效"按钮和"画面特效"按钮，❶切换至"光"选项卡；❷选择"光晕"特效，如图 4-64 所示，并调整"光晕"特效的时长，使其末端对齐视频的末尾位置。

图 4-62 图 4-63 图 4-64

课后实训：**制作魔法光圈特效**

效果展示 在剪映电脑版中为特效素材设置滤色模式，再设置合适的大小和位置，就能制作魔法光圈特效，效果如图 4-65 所示。

图 4-65

本案例主要制作步骤如下。

首先将人物视频添加到视频轨道中，将特效素材拖曳至画中画轨道中，❶设置"混合模式"为"滤色"；❷调整特效素材的大小和位置；❸为"缩放"和"位置"参数添加关键帧◆，如图 4-66 所示。

在视频 00:00:03:15 的位置调整光圈特效的大小和位置，使其处于人物腰部以上的位置，如图 4-67 所示。

图 4-66

图 4-67

复制人物素材并粘贴至第 2 条画中画轨道中，❶切换至"抠像"选项卡；❷选中"智能抠像"复选框，抠出人像，让光圈特效处于人物的后面，如图 4-68 所示。

为视频添加"紫雾"暗黑特效、"心跳"动感特效和"梦蝶"氛围特效，并调整 3 段特效的时长，如图 4-69 所示。

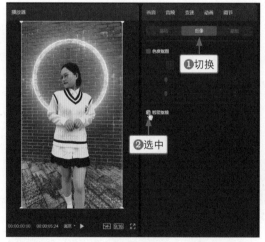

图 4-68

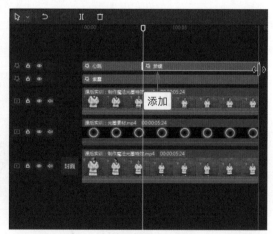

图 4-69

第 5 章 硬货：
用关键帧制作特效

关键帧是指角色或物体在运动或变化中的关键动作所处的那一帧。在制作特效的时候，使用关键帧可以展现画面变化的过程，让视频特效具有动感和美感。本章在用关键帧进行实战制作特效之前，先介绍 6 种关键帧的用法，让大家打好基础，做到融会贯通。

5.1 关键帧的6种用法

剪映电脑版的关键帧按钮主要在操作区中，而剪映手机版的关键帧按钮则处于时间线刻度上方，当然，其功能都是相通的。关于关键帧，本节将介绍 6 种用法。

5.1.1 控制音量高低

效果展示 一些特效视频中的音量忽高忽低，要实现这种效果，可以用关键帧控制音量的高低，效果如图 5-1 所示。

图 5-1

1. 用剪映电脑版制作

剪映电脑版的操作方法如下。

步骤 01 在剪映电脑版中将视频素材和背景音乐导入"本地"选项卡中，单击视频素材右下角的"添加到轨道"按钮 ➕，如图 5-2 所示，把视频素材添加到视频轨道中。

步骤 02 ❶拖曳背景音乐至音频轨道中；❷在音频素材的起始位置单击"手动踩点"按钮 ▷，如图 5-3 所示。

图 5-2

图 5-3

步骤 03 ❶向右拖曳 ▷ 按钮，放大所有轨道；❷每隔一段时间，就单击一次"手动踩点"按钮 ▷，为整段音频素材添加相应的小黄点，如图 5-4 所示。

图 5-4

步骤 04 拖曳时间指示器至视频的起始位置，在"音频"操作区中单击"添加关键帧"按钮 ，如
图 5-5 所示，并为音频素材剩下的每个小黄点的位置都添加关键帧。

步骤 05 在第 2 个关键帧的位置设置"音量"参数为 - ∞ dB，如图 5-6 所示。

图 5-5

图 5-6

步骤 06 拖曳时间指示器至下一个相隔一个关键帧的位置，如图 5-7 所示。

步骤 07 设置"音量"参数为 - ∞ dB。每隔一个关键帧，就设置"音量"参数为 - ∞ dB，音频素
材的效果如图 5-8 所示。

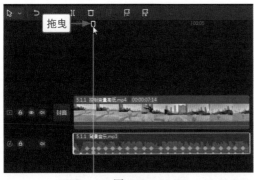

图 5-7

图 5-8

"音量"参数除了设置为 - ∞ dB 静音，还可以设置为稍低一点或稍高一点的音量，也能制作出音量忽
高忽低的效果。

2. 用剪映手机版制作

剪映手机版的操作方法如下。

步骤 01 在剪映手机版中添加视频素材，依次点击"音频"按钮和"音乐"按钮，❶在"添加音
乐"界面中切换至"收藏"选项卡；❷点击所需音乐右侧的"使用"按钮，如图 5-9 所
示，添加音乐。也可以在搜索栏中输入音乐名称进行搜索和添加。

步骤 02 调整音频素材的时长，使其对齐视频素材的时长，❶选择音频素材；❷点击"踩点"按钮，如图 5-10 所示。

步骤 03 在"踩点"面板中点击"自动踩点"按钮，默认选择"踩节拍 II"选项，如图 5-11 所示。手机版的踩点是自动的，电脑版则是手动的，效果会有一些差异。

图 5-9　　　　　　　　　图 5-10　　　　　　　　　图 5-11

步骤 04 ❶拖曳时间轴至音频素材第 1 个小黄点的位置；❷点击◇按钮添加关键帧，如图 5-12 所示，并为剩下的所有小黄点添加关键帧。

步骤 05 在第 2 个关键帧的位置点击"音量"按钮，如图 5-13 所示。

步骤 06 设置"音量"参数为 0，如图 5-14 所示。每隔一个关键帧，就设置"音量"参数为 0。

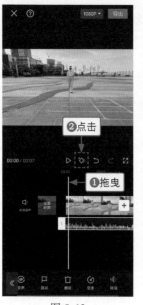

图 5-12　　　　　　　　　图 5-13　　　　　　　　　图 5-14

5.1.2　文字扫光效果

效果展示 文字扫光效果主要是通过固定两个关键帧，然后在两个关键帧上移动蒙版的位置制作出来的，让文字像被光源扫射一般。下面制作白色文字被红色光源扫射的特效，效果如图 5-15 所示。

图 5-15

1. 用剪映电脑版制作

剪映电脑版的操作方法如下。

步骤 01 在剪映电脑版中将白字素材和红字素材导入"本地"选项卡中，单击白字素材右下角的"添加到轨道"按钮 ，如图 5-16 所示。

步骤 02 把素材添加到视频轨道中，拖曳红字素材至画中画轨道中，如图 5-17 所示。

图 5-16　　　　　　　　　　　　　　　　图 5-17

步骤 03 ❶切换至"蒙版"选项卡；❷选择"镜面"蒙版；❸调整蒙版的大小、角度和位置；❹在"位置"右侧添加关键帧 ，如图 5-18 所示。

图 5-18

步骤 04 拖曳时间指示器至视频 4s 左右的位置，❶调整蒙版的位置，制作文字扫光效果；❷单击"导出"按钮，如图 5-19 所示。

图 5-19

步骤 05 将背景视频和刚才导出的文字扫光素材导入"本地"选项卡中，单击背景视频素材右下角的"添加到轨道"按钮 ，如图 5-20 所示。

步骤 06 把背景视频素材添加到视频轨道中，拖曳文字素材至画中画轨道中，如图 5-21 所示。

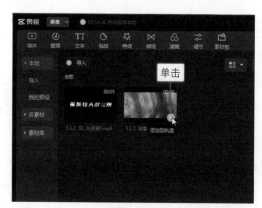

图 5-20

图 5-21

步骤 07 ❶设置"缩放"参数为 118%，放大文字；❷设置"混合模式"为"滤色"，让文字显现在背景视频中，如图 5-22 所示。

图 5-22

关于红字素材和白字素材的制作，可以购买与本书同一系列的《字幕师手册：短视频与影视字幕特效制作从入门到精通（剪映版）》，其中有各种精彩字幕效果的制作方法。

2. 用剪映手机版制作

剪映手机版的操作方法如下。

步骤 01 在剪映手机版中依次添加红字素材和白字素材，❶选择红字素材；❷点击"切画中画"按钮，如图 5-23 所示。

步骤 02 把红字素材切换至画中画轨道中，❶在红字素材的起始位置点击◇按钮添加关键帧；❷点击"蒙版"按钮，如图 5-24 所示。

步骤 03 ❶在"蒙版"面板中选择"镜面"蒙版；❷调整蒙版的大小、角度和位置，如图 5-25 所示。

图 5-23

图 5-24

图 5-25

步骤 04 ❶拖曳时间轴至视频 4s 左右的位置；❷调整蒙版的位置，制作文字扫光效果；❸点击"导出"按钮，如图 5-26 所示，导出文字素材。

步骤 05 把背景视频素材导入视频轨道中，把刚才导出的文字扫光素材添加到画中画轨道中，❶调整文字素材的画面大小，使其覆盖背景素材；❷点击"混合模式"按钮，如图 5-27 所示。

步骤 06 在"混合模式"面板中选择"滤色"选项，让文字显现在背景视频中，如图 5-28 所示。

图 5-26

图 5-27

图 5-28

5.1.3 字幕颜色渐变

效果展示 由于目前剪映电脑版中文字颜色没有关键帧功能，本案例中的字幕颜色渐变特效只能在剪映手机版中制作。通过为文字添加关键帧，再改变文字每个卡点位置的颜色，就能制作出文字颜色渐变特效，效果如图 5-29 所示。

图 5-29

剪映手机版的操作方法如下。

步骤 01 在剪映手机版中添加黑场视频素材，依次点击"音频"按钮和"音乐"按钮，如图 5-30 所示。

步骤 02 在"收藏"选项卡中添加音乐，并调整音频的时长，❶选择音频素材；❷点击"踩点"按钮，如图 5-31 所示。也可以在搜索栏中输入音乐名称进行搜索和添加。

步骤 03 点击"自动踩点"按钮，默认选择"踩节拍Ⅱ"选项，如图 5-32 所示。

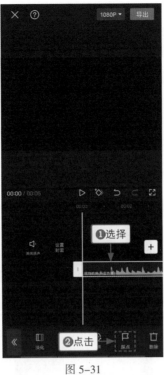
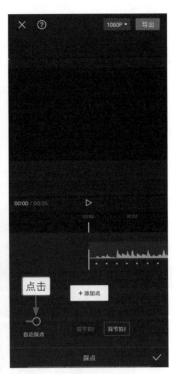

| 图 5-30 | 图 5-31 | 图 5-32 |

步骤 04 在视频的起始位置依次点击"文字"按钮和"新建文本"按钮，如图 5-33 所示。

步骤 05 ❶输入文本内容；❷选择合适的字体；❸拖曳文字右下角的 按钮，略微放大文字，如图 5-34 所示，并调整文字的时长。

步骤 06 在文字的起始位置点击 按钮添加关键帧，如图 5-35 所示。

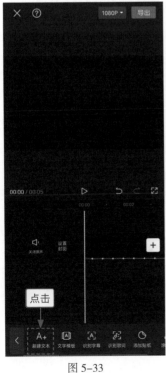

| 图 5-33 | 图 5-34 | 图 5-35 |

步骤 07 ❶拖曳时间轴至第 1 个小黄点的位置；❷点击"编辑"按钮，如图 5-36 所示。

步骤 08 ❶切换至"样式"选项卡；❷在"文本"选项区选择浅粉色，如图 5-37 所示。同理，依次为剩下的小黄点位置的文字和最后一个画面更改文字颜色。

步骤 09 在第 2 个小黄点文字颜色为红色的位置，拖曳文字右下角的 ⬒ 按钮，再将文字放大一些，如图 5-38 所示。

> **温馨提示** 　　画面中文字的四周有 4 个按钮，点击 ✕ 按钮，可以删除文字；点击 ✏ 按钮，可以编辑文字；点击 ⧉ 按钮，可以复制文字；点击 ⬒ 按钮，可以调整文字的大小。

图 5-36

图 5-37

图 5-38

5.1.4 让蒙版动起来

▌**效果展示** 通过为视频添加卡点音乐，再给卡点位置的画面添加圆形蒙版和关键帧，可以让蒙版跟着音乐节奏动起来，效果如图 5-39 所示。

图 5-39

1. 用剪映电脑版制作

剪映电脑版的操作方法如下。

步骤 01 将视频添加到视频轨道中，❶在功能区中单击"音频"按钮；❷在"音乐素材"选项卡中切换至"收藏"选项区；❸单击所需音乐右下角的"添加到轨道"按钮➕，如图 5-40 所示，添加卡点音乐。也可以在搜索栏中输入音乐名称进行搜索和添加。

步骤 02 ❶调整音频的时长，使其对齐视频的时长；❷单击"自动踩点"按钮，❸在弹出的快捷菜单中选择"踩节拍Ⅱ"选项，如图 5-41 所示。

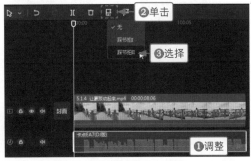

图 5-40   图 5-41

步骤 03 选择视频素材，拖曳时间指示器至第 1 个小黄点的位置，❶切换至"蒙版"选项卡；❷选择"圆形"蒙版；❸拖曳◯按钮，放大蒙版；❹在"大小"右侧添加关键帧◆，如图 5-42 所示。

图 5-42

步骤 04 拖曳时间指示器至第 2 个小黄点的位置，拖曳◯按钮，缩小蒙版，如图 5-43 所示，在第 3 个和第 4 个小黄点的位置继续缩小蒙版。

图 5-43

步骤 05 在第 5 个小黄点的位置拖曳 按钮，放大蒙版，如图 5-44 所示。

步骤 06 在第 6 个小黄点的位置拖曳 按钮，缩小蒙版，如图 5-45 所示，后面在奇数小黄点的位置放大蒙版，偶数小黄点的位置缩小蒙版，制作忽大忽小的蒙版动画。

图 5-44

图 5-45

2. 用剪映手机版制作

剪映手机版的操作方法如下。

步骤 01 在剪映手机版中添加视频素材，依次点击"音频"按钮和"音乐"按钮，在"收藏"选项卡中添加卡点音乐，并调整音频的时长，❶选择音频素材；❷点击"踩点"按钮，如图 5-46 所示。也可以在搜索栏中输入音乐名称进行搜索和添加。

步骤 02 点击"自动踩点"按钮，默认选择"踩节拍Ⅱ"选项，如图 5-47 所示。

步骤 03 ❶选择视频素材；❷拖曳时间轴至第 1 个小黄点的位置；❸点击 按钮添加关键帧；❹点击"蒙版"按钮，如图 5-48 所示。

图 5-46

图 5-47

图 5-48

步骤 04 ❶在"蒙版"面板中选择"圆形"蒙版；❷双指放大圆形蒙版，如图 5-49 所示。

步骤 05 ❶拖曳时间轴至第 2 个小黄点的位置；❷略微缩小圆形蒙版，如图 5-50 所示，在第 3 个
和第 4 个小黄点的位置继续缩小蒙版。

步骤 06 后面在奇数小黄点的位置放大蒙版，偶数小黄点的位置缩小蒙版，制作忽大忽小的蒙版动
画，最后的蒙版画面如图 5-51 所示。

> 双指向内捏合即可缩小蒙版；双指向外张开即可放大蒙版。

图 5-49

图 5-50

图 5-51

5.1.5 模拟运镜效果

效果展示 给视频中的"位置"和"缩放"参数添加关键帧，就可以让画面变大或变小，从而模拟
运镜效果，效果如图 5-52 所示。

图 5-52

1. 用剪映电脑版制作

剪映电脑版的操作方法如下。

步骤 01 添加视频后，在"缩放"和"位置"右侧添加关键帧◆，如图 5-53 所示。

图 5-53

步骤 02 在视频 4s 的位置放大画面并调整其位置，制作推镜头，如图 5-54 所示。

图 5-54

步骤 03 在视频末尾位置复原"缩放"和"位置"参数，让画面复原，如图 5-55 所示。

图 5-55

2. 用剪映手机版制作

剪映手机版的操作方法如下。

步骤 01 在剪映手机版中添加视频素材，在视频起始位置点击 ◇ 按钮添加关键帧，如图 5-56 所示。

步骤 02 在视频 4s 的位置放大画面，并调整其位置，制作推镜头，如图 5-57 所示。

步骤 03 在视频末尾位置将画面大小和位置复原至初始状态，制作拉镜头，如图 5-58 所示。

图 5-56

图 5-57

图 5-58

 　　推镜头是指镜头逐渐靠近被摄主体，画框逐渐缩小，画面内的主体逐渐被放大；拉镜头是指镜头逐渐远离被摄主体或变动镜头焦距，画框逐渐变大，镜头逐渐脱离或远离主体。

5.1.6 控制不透明度

効果展示 通过为"不透明度"参数添加关键帧，可以制作出闪黑效果，配上卡点音乐，就能制作闪黑卡点视频，效果如图 5-59 所示。

图 5-59

1. 用剪映电脑版制作

剪映电脑版的操作方法如下。

步骤 01 将视频素材添加到视频轨道中，❶选中视频并右击；❷在弹出的快捷菜单中选择"分离音频"选项，如图 5-60 所示，把音频素材分离出来。

步骤 02 在视频起始位置为"不透明度"参数添加关键帧◆，如图 5-61 所示。

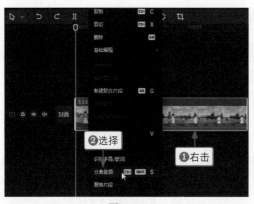 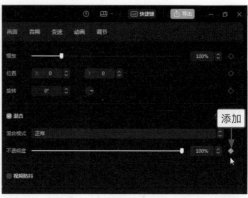

图 5-60   图 5-61

步骤 03 根据音频中的节奏起伏，为前面的 6 个节奏点各自添加 3 个"不透明度"关键帧，如图 5-62 所示。

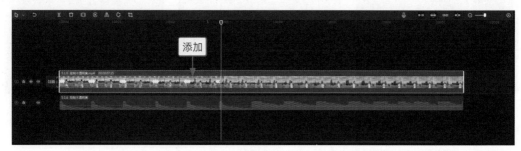

图 5-62

步骤 04 拖曳时间指示器至第 6 个节奏点上中间关键帧的位置，设置"不透明度"参数为 0%，如图 5-63 所示，剩余节奏点上中间关键帧的位置也进行同样的设置。

步骤 05 为第 7 个节奏点添加"抖动"动感特效，并调整其时长，如图 5-64 所示。

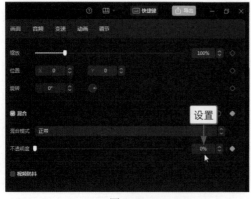 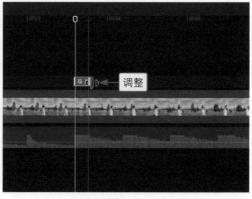

图 5-63   图 5-64

步骤 06 为剩下的几个节奏点也添加"抖动"动感特效，如图 5-65 所示。

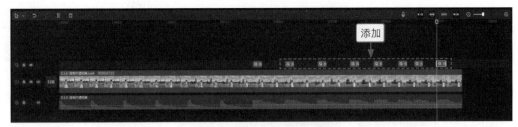

图 5-65

在剪映电脑版中添加同一个素材时，可以运用【Ctrl + C】和【Ctrl + V】组合键进行复制和粘贴，从而快速添加该素材。

2. 用剪映手机版制作

剪映手机版的操作方法如下。

步骤 01 导入视频，❶选择视频素材；❷点击"音频分离"按钮，如图 5-66 所示。

步骤 02 分离出音频素材，选择音频，点击"踩点"按钮，在"踩点"面板中点击"自动踩点"按钮，默认选择"踩节拍 Ⅱ"选项，如图 5-67 所示。

步骤 03 为第 1 个节奏点和前面 5 个小黄点各自添加 3 个关键帧，如图 5-68 所示。

图 5-66　　　　　　　　图 5-67　　　　　　　　图 5-68

步骤 04 ❶拖曳时间轴至中间关键帧的位置；❷点击"不透明度"按钮，如图 5-69 所示。

步骤 05 在"不透明度"面板中设置参数为 0，制作闪黑效果，如图 5-70 所示，剩余节奏点上中间关键帧的位置也进行同样的设置。

步骤 06 为剩下的 7 个小黄点添加"抖动"动感特效，如图 5-71 所示。

图 5-69　　　　　　　　　　图 5-70　　　　　　　　　　图 5-71

5.2　用关键帧制作特效实战案例

前面学习了关键帧的 6 种用法，在本节中，我们将用关键帧制作相应的特效案例，多方位、全面地掌握用关键帧制作特效的方法。

5.2.1　制作无缝转场特效

效果展示 通过为"不透明度"添加关键帧，可以让"不透明度"参数缓慢变化，制作出从无到有的效果，从而制作出无缝转场特效，效果如图 5-72 所示。

图 5-72

1. 用剪映电脑版制作

剪映电脑版的操作方法如下。

步骤 01 在剪映电脑版中将两段视频素材导入"本地"选项卡中，单击第 1 段视频素材右下角的"添加到轨道"按钮 ➕ ，如图 5-73 所示，把视频素材添加到视频轨道中。

步骤 02 在视频 3s 的位置拖曳第 2 段视频素材至画中画轨道中，如图 5-74 所示。

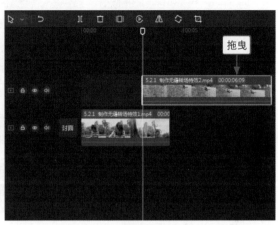

图 5-73　　　　　　　　　　　　　　　图 5-74

步骤 03 在画中画轨道中视频素材的起始位置为"不透明度"参数添加关键帧 ◆ ，如图 5-75 所示，并在第 1 段视频素材的末尾位置，为画中画轨道中的视频素材添加"不透明度"关键帧。

步骤 04 设置第 1 个关键帧的"不透明度"参数为 0%，如图 5-76 所示，并添加合适的背景音乐。

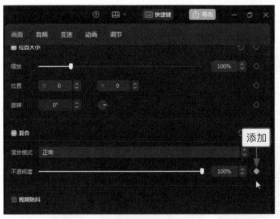
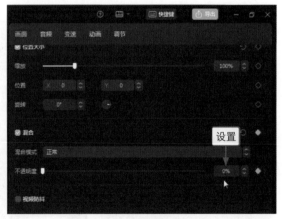

图 5-75　　　　　　　　　　　　　　　图 5-76

2. 用剪映手机版制作

剪映手机版的操作方法如下。

步骤 01 导入第 1 段视频素材，在视频 3s 左右的位置点击"画中画"按钮，如图 5-77 所示。

步骤 02 在弹出的工具栏中点击"新增画中画"按钮，如图 5-78 所示。

步骤 03 在"视频"选项区中添加第 2 段视频素材，❶调整素材的画面大小；❷在起始位置点击 ◆ 按钮添加关键帧；❸点击"不透明度"按钮，如图 5-79 所示。

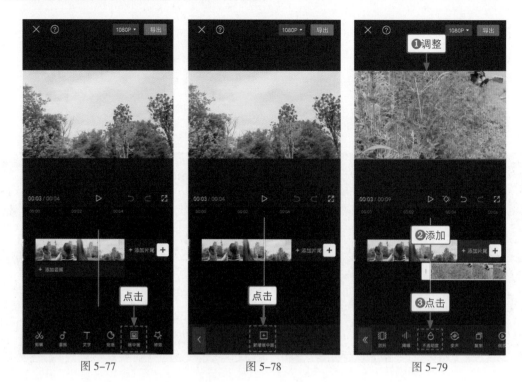

图 5-77　　　　　　　　　　图 5-78　　　　　　　　　　图 5-79

步骤 04　在"不透明度"面板中设置参数为 0，如图 5-80 所示。

步骤 05　❶拖曳时间轴至第 1 段视频素材的末尾位置；❷设置"不透明度"参数为 100，如图 5-81 所示。

步骤 06　最后为视频添加合适的背景音乐，如图 5-82 所示。

图 5-80　　　　　　　　　　图 5-81　　　　　　　　　　图 5-82

5.2.2　制作视频变色特效

效果展示　在剪映中可以为滤镜添加关键帧，从而制作视频变色特效，让画面由彩色变成黑白，这也是电影谢幕画面中常见的特效手法，效果如图 5-83 所示。

图 5-83

1. 用剪映电脑版制作

剪映电脑版的操作方法如下。

步骤 01　将视频素材添加到视频轨道中，❶在功能区中单击"滤镜"按钮；❷切换至"黑白"选项卡；❸单击"牛皮纸"滤镜右下角的"添加到轨道"按钮，如图 5-84 所示，添加滤镜。

步骤 02　❶调整"牛皮纸"滤镜的时长，使其对齐视频的时长；❷拖曳时间指示器至视频 00:00:04:10 的位置，如图 5-85 所示。

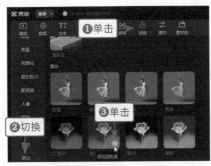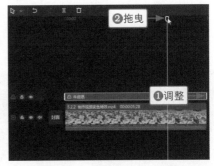

图 5-84　　　　　　　　　　　　　　　　图 5-85

步骤 03　为"强度"参数添加关键帧，如图 5-86 所示。

步骤 04　拖曳时间指示器至滤镜的起始位置，设置"强度"参数为 0，如图 5-87 所示，即可制作变色特效。

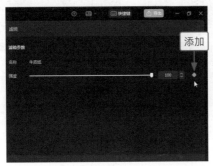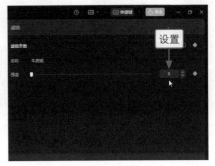

图 5-86　　　　　　　　　　　　　　　　图 5-87

步骤 05 在第 2 个关键帧的后面添加"默认文本"，并调整其时长，使其末端对齐视频的末尾位置，❶在"基础"选项卡中输入文本内容；❷选择合适的字体；❸选择第 1 个预设样式，制作谢幕文字，如图 5-88 所示。

图 5-88

2. 用剪映手机版制作

剪映手机版的操作方法如下。

步骤 01 添加视频，❶在起始位置添加关键帧；❷点击"滤镜"按钮，如图 5-89 所示。

步骤 02 ❶在"黑白"选项区中选择"牛皮纸"滤镜；❷设置参数为 0，如图 5-90 所示。

步骤 03 ❶拖曳时间轴至视频 4s 左右的位置；❷设置参数为 100，如图 5-91 所示。

图 5-89   图 5-90   图 5-91

步骤 04 回到主界面，依次点击"文字"按钮和"新建文本"按钮，如图 5-92 所示。

步骤 05 ❶输入文本内容；❷选择合适的字体，如图 5-93 所示。

步骤 06 ❶切换至"样式"选项卡；❷选择第 1 个样式，如图 5-94 所示，调整文字时长。

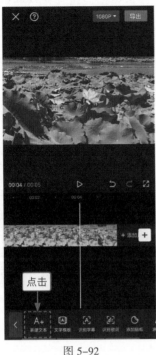
图 5-92

图 5-93

图 5-94

课后实训：制作一刀切换季节视频

效果展示 添加切割特效之后，再为镜面蒙版添加关键帧，就可以制作出一刀切换季节视频，效果如图 5-95 所示。本案例暂时只能用剪映手机版制作。

图 5-95

本案例主要制作步骤如下。

❶首先将两段素材添加到视频轨道和画中画轨道中，时长都设置为 5s；❷在起始位置点击"新增画中画"按钮，如图 5-96 所示。

然后在"视频"选项区中添加切割特效，❶调整其画面大小；❷点击"混合模式"按钮，如图 5-97所示，在弹出的面板中选择"滤色"选项。

❶在 2s 左右的位置添加关键帧，❷点击"蒙版"按钮，如图 5-98 所示。

图 5-96

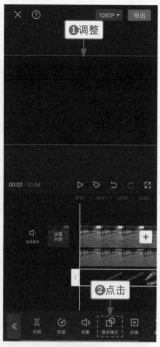

图 5-97

图 5-98

❶选择"镜面"蒙版；❷调整蒙版的大小、羽化、角度和位置，如图 5-99 所示。

每拖曳一点时间轴，就调整蒙版的大小，如图 5-100 所示，直至露出所有的秋天画面。

❶添加"落叶"自然特效；❷设置"作用对象"为"画中画"，如图 5-101 所示。

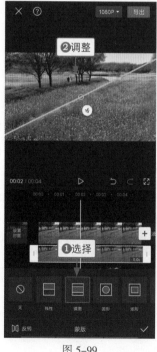

图 5-99

图 5-100

图 5-101

第 6 章　升级：掌握剪映抠图特效

在前面几章的部分案例中有一些关于智能抠像的操作，本章将带领大家系统地学习剪映抠图特效。剪映中的抠图功能包含智能抠像、色度抠图和自定义抠像，在剪映电脑版中，目前版本还没有更新自定义抠像功能，只有剪映手机版有该功能。市场上很多的视频特效都离不开抠图，掌握抠图特效至关重要。

6.1 智能抠像合成人物

智能抠像功能仅支持抠出视频中的人像，抠出人像之后，可以把人像合成到各类视频中。要抠出完整的人像，要求视频背景尽可能简洁，视频中人物的动作速度尽量慢。

6.1.1 更换人物背景

效果展示 通过智能抠像功能抠出人像，再更换画面背景，就能制作出"不出门看美景"的画面，效果对比如图 6-1 所示。

图 6-1

1. 用剪映电脑版制作

剪映电脑版的操作方法如下。

步骤 **01** 在剪映电脑版中将人物视频和背景视频导入"本地"选项卡中，单击背景视频右下角的"添加到轨道"按钮 ，如图 6-2 所示。

步骤 **02** 把视频素材添加到视频轨道中，拖曳人物视频至画中画轨道中，如图 6-3 所示。

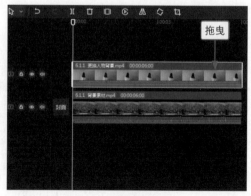

图 6-2   图 6-3

步骤 **03** ❶切换至"抠像"选项卡；❷选中"智能抠像"复选框，抠出人像更换背景，如图 6-4 所示。

图 6-4

2. 用剪映手机版制作

剪映手机版的操作方法如下。

步骤 01 添加背景视频，依次点击"画中画"按钮和"新增画中画"按钮，如图 6-5 所示。

步骤 02 添加人物视频，❶调整视频的画面大小；❷点击"抠像"按钮，如图 6-6 所示。

步骤 03 点击"智能抠像"按钮，抠出人像更换背景，如图 6-7 所示。

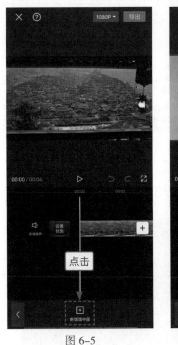

图 6-5　　　　　　　　　图 6-6　　　　　　　　　图 6-7

6.1.2　制作腾空而坐特效

效果展示　制作特效前，需要拍摄一段人物坐在凳子上的视频和一段人物把空凳子搬走的视频，再通过智能抠像功能合成两段视频，制作人物腾空而坐的特效，效果如图 6-8 所示。

图 6-8

1. 用剪映电脑版制作

剪映电脑版的操作方法如下。

步骤 01 导入两段视频，单击第 1 段视频右下角的"添加到轨道"按钮 ，如图 6-9 所示。

步骤 02 把视频素材添加到视频轨道中，拖曳第 2 段视频至画中画轨道中，如图 6-10 所示。

图 6-9

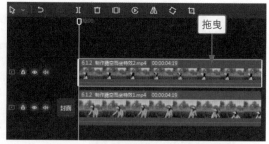

图 6-10

步骤 03 ❶切换至"抠像"选项卡；❷选中"智能抠像"复选框，抠出人像合成特效，如图 6-11 所示。

图 6-11

步骤 04　❶在功能区中单击"音频"按钮；❷在"音效素材"选项卡中切换至 BGM 选项区；❸单击"韩剧搞笑配乐"音效右下角的"添加到轨道"按钮，如图 6-12 所示。

步骤 05　调整音效的时长，使其对齐视频的时长，如图 6-13 所示。

图 6-12

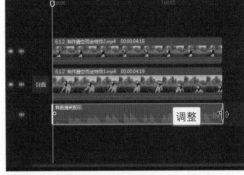

图 6-13

2. 用剪映手机版制作

剪映手机版的操作方法如下。

步骤 01　在剪映手机版中依次导入两段视频，❶选择第 1 段视频；❷点击"切画中画"按钮，如图 6-14 所示，把视频切换至画中画轨道中。

步骤 02　依次点击"抠像"按钮和"智能抠像"按钮，抠出人像合成特效，如图 6-15 所示。

步骤 03　在视频起始位置依次点击"音频"按钮和"音效"按钮，❶切换至 BGM 选项区；❷点击"韩剧搞笑配乐"音效右侧的"使用"按钮，如图 6-16 所示，添加音效并调整其时长。

图 6-14

图 6-15

图 6-16

> 用剪映手机版的智能抠像功能抠出来的人像，比用剪映电脑版抠出来的人像更完整一些。

6.1.3 制作抠像卡点视频

效果展示 运用智能抠像功能把定格素材中的人像抠出来，然后根据卡点音乐，制作抠像卡点视频，效果如图 6-17 所示。

图 6-17

1. 用剪映电脑版制作

剪映电脑版的操作方法如下。

步骤 01 将 5 段人物视频导入"本地"选项卡中，❶全选所有的视频；❷单击第 1 段视频右下角的"添加到轨道"按钮，如图 6-18 所示。把 5 段视频依次添加到视频轨道中。

步骤 02 ❶在功能区中单击"音频"按钮；❷搜索"卡点"音乐；❸单击所需音乐右下角的"添加到轨道"按钮，如图 6-19 所示，添加卡点音乐。

图 6-18

图 6-19

步骤 03 ❶单击"自动踩点"按钮；❷选择"踩节拍 I"选项，如图 6-20 所示。

步骤 04 根据音频上每个小黄点的位置，❶调整每段视频的时长，对齐相应的小黄点；❷调整音频的时长，使其对齐视频的时长，如图 6-21 所示。

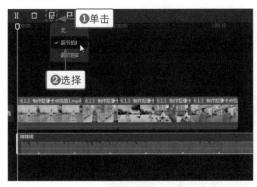

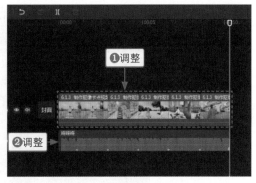

图 6-20   图 6-21

步骤 05   在视频的起始位置添加 "心跳" 动感特效，并设置其时长为 2s，如图 6-22 所示。

步骤 06   ❶选择第 2 段视频；❷在第 2 段视频的起始位置单击 "定格" 按钮 ▢，如图 6-23 所示。

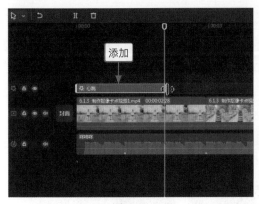

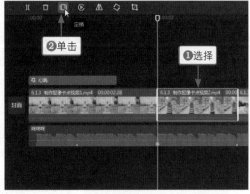

图 6-22   图 6-23

步骤 07   把第 1 段定格素材拖曳至画中画轨道中，并设置其时长为 00:00:00:15，使定格素材的末尾位
         置对齐第 2 段视频的起始位置，如图 6-24 所示，对剩下的 3 段视频也进行同样的定格设置。

步骤 08   选择第 1 段定格素材，❶切换至 "抠像" 选项卡；❷选中 "智能抠像" 复选框，抠出人
         像，如图 6-25 所示，对剩下的 3 段定格素材也进行同样的抠像操作。

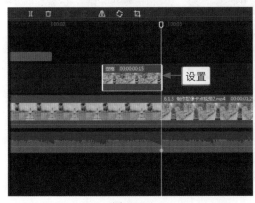

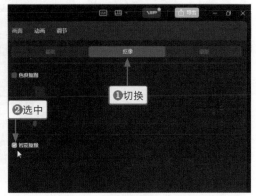

图 6-24   图 6-25

步骤 09   选择第 1 段定格素材，❶在操作区中单击 "动画" 按钮；❷选择 "向下甩入" 入场动画，
         如图 6-26 所示，为剩下的 3 段定格素材依次设置 "向右滑动""向右滑动" 和 "向下甩入"
         入场动画。

图 6-26

2. 用剪映手机版制作

剪映手机版的操作方法如下。

步骤 01 在剪映手机版中依次导入 5 段人物视频，依次点击"音频"按钮和"音乐"按钮，❶在搜索栏中搜索"卡点"音乐；❷点击所需音乐右侧的"使用"按钮，如图 6-27 所示。

步骤 02 选择音频，点击"踩点"按钮，❶在"踩点"面板中点击"自动踩点"按钮；❷选择"踩节拍 I"选项，如图 6-28 所示。

步骤 03 根据音乐上每个小黄点的位置，❶调整每段视频的时长，对齐相应的小黄点；❷调整音频的时长，使其对齐视频的时长，如图 6-29 所示。

图 6-27   图 6-28   图 6-29

步骤 04 在视频的起始位置添加"心跳"动感特效，并设置其时长为 2s，❶选择第 2 段视频；❷在第 2 段视频的起始位置点击"定格"按钮，如图 6-30 所示。

步骤 05 定格画面后点击"切画中画"按钮，如图 6-31 所示，把定格素材切换至画中画轨道中。

步骤 06 设置定格素材的时长为 0.5s，并调整其轨道位置，使定格素材的末尾位置对齐第 2 段视频的起始位置，如图 6-32 所示，对剩下的 3 段视频也进行同样的定格设置。

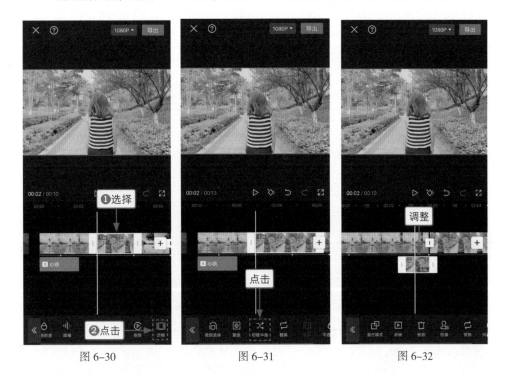

图 6-30   图 6-31   图 6-32

步骤 07 ❶选择第 1 段定格素材；❷依次点击"抠像"按钮和"智能抠像"按钮，抠出人像，如图 6-33 所示，对剩下的 3 段定格素材也进行同样的抠像操作。

步骤 08 ❶选择第 1 段定格素材；❷依次点击"动画"按钮和"入场动画"按钮，如图 6-34 所示。

步骤 09 选择"向下甩入"动画，如图 6-35 所示，为剩下的 3 段定格素材依次设置"向右滑动""向右滑动"和"向下甩入"入场动画。

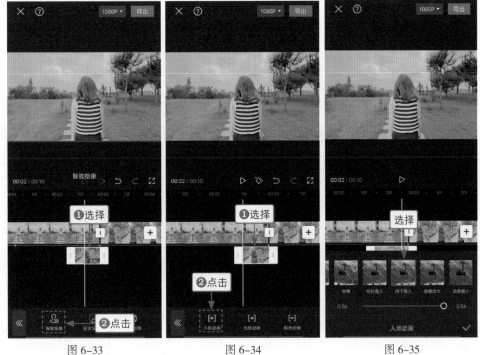

图 6-33   图 6-34   图 6-35

6.2 色度抠图抠出素材

色度抠图的原理是把画面中的某种颜色去除，从而留下相应的画面。在色度抠图中用得最多的抠图素材就是绿幕或蓝幕素材。本节将讲解如何制作绿幕素材及进行色度抠图。

6.2.1 制作绿幕素材

效果展示 在剪映素材库中有相应的绿色背景素材，可以定格画面制作绿幕背景，再通过智能抠像功能制作人物绿幕素材，效果如图 6-36 所示。

图 6-36

1. 用剪映电脑版制作

剪映电脑版的操作方法如下。

步骤 01 ❶切换至"素材库"选项卡；❷搜索"绿幕"；❸单击所需绿幕素材右下角的"添加到轨道"按钮，如图 6-37 所示。

步骤 02 把素材添加到视频轨道中，在起始位置单击"定格"按钮，如图 6-38 所示。

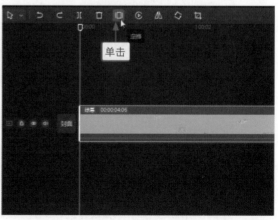

图 6-37   图 6-38

步骤 03　切换至"本地"选项卡，如图 6-39 所示，拖曳人物视频至画中画轨道中。

步骤 04　❶调整定格素材的时长，使其对齐人物视频的时长；❷选择剩下的绿幕视频；❸单击"删除"按钮🗑，如图 6-40 所示。

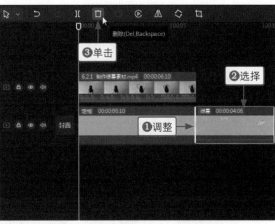

<table><tr><td>图 6-39</td><td>图 6-40</td></tr></table>

步骤 05　选择画中画轨道中的人物视频，❶切换至"抠像"选项卡；❷选中"智能抠像"复选框，抠出人像制作绿幕素材，如图 6-41 所示。

图 6-41

2. 用剪映手机版制作

剪映手机版的操作方法如下。

步骤 01　在剪映手机版中依次导入人物视频和绿幕素材，❶选择人物视频；❷点击"切画中画"按钮，如图 6-42 所示，把人物视频切换至画中画轨道中。

步骤 02　调整绿幕素材的时长，使其对齐人物视频的时长，如图 6-43 所示。

步骤 03　❶选择人物视频；❷依次点击"抠像"按钮和"智能抠像"按钮，抠出人像制作绿幕素材，如图 6-44 所示。

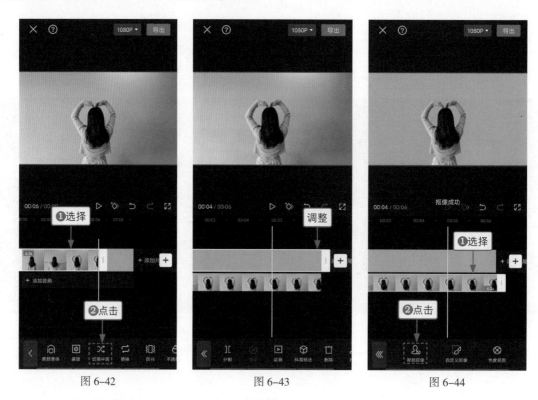

图 6-42　　　　　　　　　图 6-43　　　　　　　　　图 6-44

6.2.2　合成恐龙特效

效果展示　剪映素材库中有恐龙绿幕素材，只需找到合适的背景素材，就可以运用色度抠图功能合成恐龙特效，效果如图 6-45 所示。

图 6-45

1. 用剪映电脑版制作

剪映电脑版的操作方法如下。

步骤 01　在剪映电脑版中导入背景视频，单击视频右下角的"添加到轨道"按钮 ＋，如图 6-46 所示，把素材添加到视频轨道中。

步骤 02　切换至"素材库"选项卡，❶展开"绿幕素材"选项区；❷选择恐龙绿幕素材，如图 6-47 所示。

图 6-46 图 6-47

步骤 03 拖曳恐龙绿幕素材至画中画轨道中，❶切换至"抠像"选项卡；❷选中"色度抠图"复选框；❸单击"取色器"按钮 🖋；❹在画面中取样绿色，如图 6-48 所示。

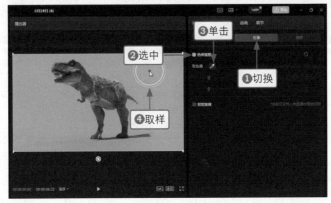

图 6-48

步骤 04 设置"强度"和"阴影"参数均为 100，把恐龙抠出来，如图 6-49 所示。

步骤 05 ❶在操作区中单击"调节"按钮；❷切换至 HSL 选项卡；❸设置黄色选项 ⚪ 的"色相"参数为 -100，绿色选项 ⚪ 的"饱和度"参数为 -100，让恐龙的边缘色彩更加自然，部分参数如图 6-50 所示。

步骤 06 拖曳时间指示器至视频的起始位置，❶在操作区中单击"画面"按钮；❷切换至"基础"选项卡；❸调整恐龙素材的大小和位置；❹为"位置"参数添加关键帧 ◆，如图 6-51 所示。

图 6-49

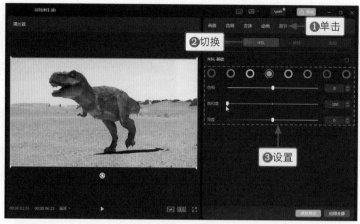

图 6-50

图 6-51

步骤 07 拖曳时间指示器至视频末尾位置，调整恐龙的位置，让恐龙动起来，如图 6-52 所示。

图 6-52

步骤 08 ❶在功能区中单击"音频"按钮；❷切换至"音效素材"选项卡；❸搜索"恐龙"；❹单击所需音效右下角的"添加到轨道"按钮➕，如图 6-53 所示，添加恐龙走路音效。

步骤 09 ❶调整第 1 段音效的时长；❷继续添加"恐龙叫声"音效，如图 6-54 所示。

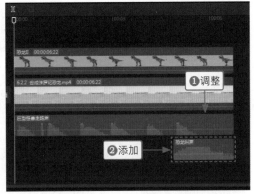

图 6-53　　　　　　　　　　　　　　　图 6-54

2. 用剪映手机版制作

剪映手机版的操作方法如下。

步骤 01　在剪映手机版中导入背景视频，添加恐龙绿幕素材至画中画轨道中，❶选择恐龙绿幕素材；❷点击"色度抠图"按钮，如图 6-55 所示。

步骤 02　❶点击"取色器"按钮，在画面中取样绿色；❷设置"强度"和"阴影"参数均为100，把恐龙抠出来，部分参数如图 6-56 所示。

步骤 03　❶在视频起始位置点击◇按钮添加关键帧；❷调整恐龙素材的大小和位置，如图 6-57 所示。

图 6-55　　　　　　　　　图 6-56　　　　　　　　　图 6-57

步骤 04　❶拖曳时间轴至视频末尾位置；❷调整恐龙素材的位置，如图 6-58 所示。

步骤 05　点击"调节"按钮，选择 HSL 选项，设置黄色选项◐的"色相"参数为 -100，绿色选项◎的"饱和度"参数为 -100，让恐龙的边缘色彩更加自然，部分参数如图 6-59 所示。

步骤 06　依次点击"音频"按钮和"音效"按钮，搜索"恐龙"音效，添加两段合适的音效，调整其时长和轨道位置，如图 6-60 所示。

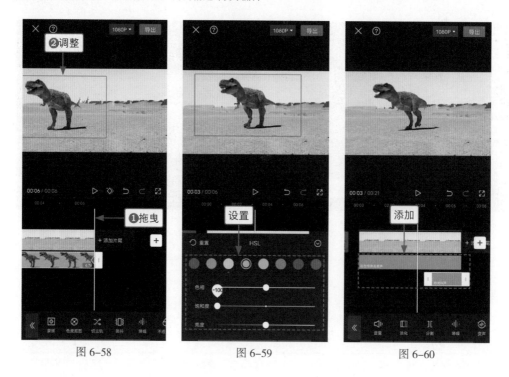

图 6-58　　　　　　　　图 6-59　　　　　　　　图 6-60

6.2.3　合成自然的云朵

效果展示　对于云朵绿幕素材，用色度抠图功能抠出来的云朵会有绿边。要抠出效果完美的云朵，可以采用本案例教授的方法进行抠图，抠出来的云朵更自然，效果对比如图 6-61 所示。其他类似的绿幕素材也可以用这种方法进行抠图。

图 6-61

1. 用剪映电脑版制作

剪映电脑版的操作方法如下。

步骤 01　在剪映电脑版中将背景视频和云朵绿幕素材导入"本地"选项卡中，单击背景视频右下角的"添加到轨道"按钮，如图 6-62 所示。

步骤 02　把视频添加到视频轨道中，拖曳云朵绿幕素材至画中画轨道中，如图 6-63 所示。

步骤 03　❶在操作区中单击"调节"按钮；❷切换至 HSL 选项卡；❸设置绿色选项的"饱和度"参数为 -100，绿幕变成灰黑色，如图 6-64 所示。

步骤 04　❶在操作区中单击"画面"按钮；❷在"基础"选项卡中设置"混合模式"为"滤色"，

抠出云朵，如图 6-65 所示。

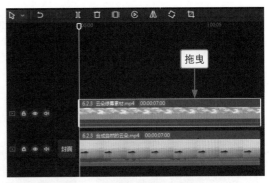

图 6-62

图 6-63

图 6-64

图 6-65

步骤 05 ❶切换至"蒙版"选项卡；❷选择"线性"蒙版；❸调整蒙版线的位置；❹设置"羽化"参数为 10，让边缘过渡更自然，如图 6-66 所示。

步骤 06 ❶在操作区中单击"调节"按钮；❷在"基础"选项卡中设置"高光"和"阴影"参数均为 –50，为云朵素材调色，让云朵更加自然，如图 6-67 所示。

图 6-66

图 6-67

2. 用剪映手机版制作

剪映手机版的操作方法如下。

步骤 01 在剪映手机版中导入背景视频，添加云朵绿幕素材至画中画轨道中，点击"调节"按钮，如图 6-68 所示。

步骤 02 在"调节"选项卡中选择 HSL 选项，如图 6-69 所示。

步骤 03 设置绿色选项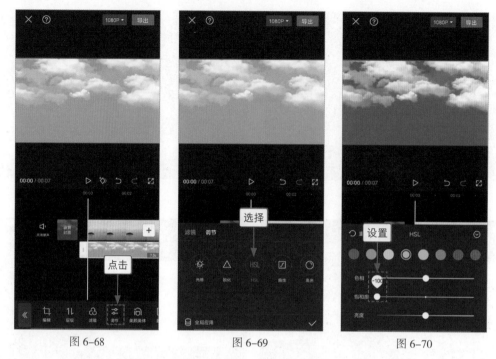的"饱和度"参数为 −100，让绿幕变成灰黑色，如图 6-70 所示。

图 6-68　　　　　　　　图 6-69　　　　　　　　图 6-70

步骤 04 点击"混合模式"按钮，在弹出的面板中选择"滤色"选项，如图 6-71 所示。

步骤 05 点击"蒙版"按钮，❶选择"线性"蒙版；❷调整蒙版线的位置；❸拖曳✕按钮羽化边缘，如图 6-72 所示。

步骤 06 点击"调节"按钮，设置"高光"和"阴影"参数均为 −50，为云朵素材调色，让云朵更加自然，部分参数如图 6-73 所示。

图 6-71　　　　　　　　图 6-72　　　　　　　　图 6-73

课后实训： 自定义抠像抠出杯子

效果展示 自定义抠像功能目前只存在于剪映手机版中，应用该功能可以抠出任何物体，比智能抠像功能更加灵活。下面用自定义抠像功能抠出一个完整的杯子，效果如图 6-74 所示。

图 6-74

本案例主要制作步骤如下。

首先在"照片视频"选项卡中选择杯子素材，❶切换至"素材库"选项卡；❷在"热门"选项区中选择黑场素材；❸点击"添加"按钮，如图 6-75 所示。

❶然后选择杯子素材；❷点击"切画中画"按钮，把杯子素材切换到画中画轨道中；❸依次点击"抠像"按钮和"自定义抠像"按钮，如图 6-76 所示。

图 6-75

图 6-76

"自定义抠像"面板中默认选择了"快速画笔"选项，❶涂抹画面中的杯子；❷系统自动识别整个杯子，杯子全部变红；❸点击✔按钮确认操作；❹抠出杯子，生成黑底杯子素材，如图 6-77 所示。在面板中还可以放大画面抠图、调整画笔大小及擦除多余的抠图。

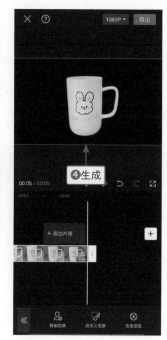

图 6-77

第 7 章　综合：
剪辑影视解说视频

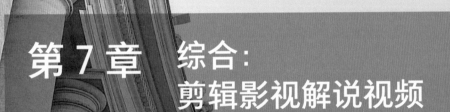

快节奏的生活方式，促进了影视解说行业的兴起，因为观众可以在几分钟或十几分钟内看完一部两个小时左右的电影或一集电视剧。在短视频流量时代，从事影视剪辑行业，制作各种类型的影视解说视频，也是获取巨大流量的一种方式。本章将系统地为大家介绍如何剪辑影视解说视频。

7.1 准备工作

在制作影视解说视频之前，需要进行一些前期准备工作。首先要确定解说的风格类型，在此基础上获取影视素材、准备解说文案、制作解说配音，并提取音频文件。有了这些前期准备，后期才能一步一步地制作出精美的影视解说视频。

7.1.1 确定解说风格

街道上有美容店、杂货店和饭店等商铺；超市里有食品区、生鲜区、日用区等货品分区，为什么会有这些商铺分类和超市分区呢？最重要的原因就是方便顾客根据需求选择服务和购买货品。影视解说视频的观众和生活中的顾客一样，他们的品位不同、需求不同，因此影视解说视频的风格也需要分门别类。

影视解说的风格有很多种，有吐槽搞笑类的风格、恐怖惊悚类的风格，还有剧情类的风格。其中剧情类风格的解说也有很多种，这类解说往往都能讲到观众注意不到的细节，而且非常有深度。

当然，做综合类影视解说的人也有很多，比如"木鱼水心"和"毒舌电影"，不过这种风格广，做得火的并不多见。新人最好从某个风格着手，这样才能快速入门，而且风格专一才能做得精，做出个人专属的特色，后续也能拓宽领域。

确定影视解说风格其实也是确定账号定位，如果不知道选择什么风格，可以从个人兴趣出发，喜欢看什么类型的电影就做什么样的风格，这样更容易上手。

最直接的方法就是根据影视类型来确定风格，如图 7-1 所示。

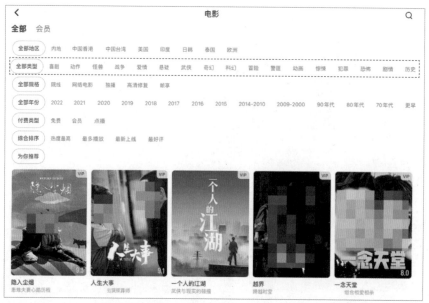

图 7-1

7.1.2　获取电影素材

确定解说风格之后，就可以选择一部合适的电影动手实践，前期最好选择大众、热门一点的电影练练手，因为这类电影是多数观众所熟悉的；后期可以找一些冷门精品电影，逐渐拓展观众人群。

做电影解说视频首先要面对的是版权问题，近年来全社会的版权意识越来越强，并且电影解说属于原电影素材的重要延伸，所以获取授权非常重要。在剪辑和解说中不能曲解电影原意和主题，也不能有过多的负面评价。若未取得授权，可以尽量减少使用电影中的重点画面来避免侵权问题。尤其要避免选择在影院上映和刚上映的影片，最好选择已下线的影片。只要不进行负面评价，不过量剧透，不影响影视公司的商业利益，解说电影对影视公司来说还是有一定的宣传作用的。

要制作带有商业盈利性质的解说视频，必须获取影视公司的授权；而用来练习影视剪辑或带有个人娱乐性质，不进行盈利行为的解说视频，可以在部分视频网站或正规视频平台上获取电影素材。在视频平台上获取的电影素材可能会有一些水印，可以使用微信小程序去掉水印，如"快斗工具箱"等小程序，在微信中搜索关键词就能找到。这类去水印工具非常强大，将作品链接复制进去就能一键去除水印。

有时候视频平台中的视频格式无法导入剪辑软件，需要后期转码，过程非常烦琐。这时我们可以运用电脑或手机录屏工具进行录屏，电脑录屏工具有迅捷屏幕录像工具、Windows 10 自带的录屏工具和OBS 等；手机则一般都有自带的录屏功能。

如果水印去除不了，可以在剪映中运用贴纸功能，添加马赛克贴纸遮盖水印，也可以运用蒙版功能和添加模糊特效去除水印。后期还可以将个人专属的水印遮盖在这些水印上面，让视频效果更加美观。

大部分的电影素材都有字幕，后期解说配音之后也会添加解说字幕，最好将原电影素材中的字幕遮盖住，然后把配音字幕覆盖上去。遮盖字幕可以仿照去除水印的思路，添加马赛克贴纸遮盖字幕，或者运用蒙版功能和添加模糊特效遮盖字幕。学会这些小技巧，能让你的视频制作效率更高。

7.1.3　准备解说文案

解说文案最重要的就是原创，只有原创才能做得更有特色、走得更远。当然，对于新人来说，一开始做影视解说的时候，可以模仿其他人的解说风格，但文案不能照抄，不然会有侵权的风险。解说属于二次创作，抄袭是做自媒体的大忌。

一篇好的解说文案不仅是把电影内容说出来，还要说清楚，最重要的是把重点说清楚。

文案的风格是根据电影风格确定的，比如恐怖电影的文案肯定悬疑感十足，剧情电影则比较现实或唯美。再者，还要根据电影的特点深挖不同的故事，比如电影的导演团队、演员是否有料可说或背景故事是否值得详细展开，毕竟一部大火的电影是各方面因素综合作用的结果。

写解说文案还要注意的就是语言的通俗性。在写论文或报告时，语言文字可以专业一些，但就解说文案而言，文字越通俗越容易让观众接受，毕竟影视解说视频是娱乐性质的视频，晦涩难懂的解说文案只会吃力不讨好。

除了上述注意事项，解说文案还要做到逻辑清晰，重点突出，让观众一听就明白。文案中不能有太多的个人情绪，因为观众需要的是客观的评价，过于激进或偏袒的解说会给观众留下不好的印象。

在文案的最后可以回归现实，把影视作品跟现实生活结合起来，让观众从影视作品中得到启示或启迪，这样就能增加解说文案的深度，让观众有所收获。

解说文案最好多写多练，熟能生巧，只有长期坚持写作，才能写出自己的特色，让影视解说视频更有深度，更有内涵。

7.1.4 制作解说配音

市场上的配音软件有很多，免费的却不多。笔者常用 WPS 软件中的"朗读文档"功能进行配音，并同步录屏，制作解说配音。下面以 iPad 端的 WPS 软件为例进行介绍。

制作解说配音的操作方法如下。

步骤 01 在 WPS 中打开影视解说文案文档，下拉控制中心，点击录屏按钮◎，进行录屏，如图 7-2 所示。

步骤 02 回到文档中，❶切换至"查看"选项卡；❷点击"朗读文档"按钮，如图 7-3 所示，WPS 中的系统人声开始朗读文案内容。

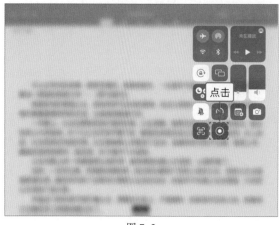

图 7-2

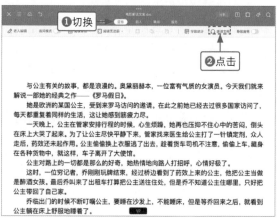

图 7-3

步骤 03 等系统人声朗读完所有的文案内容后，点击"退出"按钮，如图 7-4 所示。点击"设置"按钮可以设置语速、选择语言及语音类型；点击"暂停"按钮可以暂停朗读。

步骤 04 下拉控制中心，点击录屏按钮◎，如图 7-5 所示，停止录屏，并保存录屏文件。

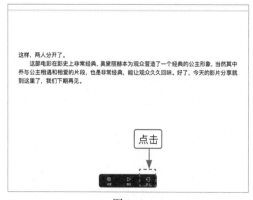

图 7-4

图 7-5

7.1.5 提取音频文件

在制作解说配音的时候，最终文件是一个录屏视频，要获得配音音频文件，可以在手机中下载音频剪辑 App，把视频中的配音提取为音频文件。

提取音频文件的操作方法如下。

步骤 01 打开音频剪辑 App，点击界面底部的 ➕ 按钮，如图 7-6 所示。

步骤 02 在弹出的面板中选择"从相册导入"选项，如图 7-7 所示。

图 7-6　　　　　　　　　　图 7-7

步骤 03 在"所有"界面中选择配音录屏视频，如图 7-8 所示。

步骤 04 ❶即可生成音频文件；❷点击音频文件右侧的 ⋯ 按钮，如图 7-9 所示。

图 7-8　　　　　　　　　　图 7-9

步骤 05 在弹出的面板中选择"分享"选项，如图 7-10 所示。

步骤 06 选择分享至 QQ，如图 7-11 所示，再选择分享至"我的电脑"，即可保存音频文件至电脑端。

图 7-10   图 7-11

在安卓手机中可以下载用于提取音频文件的 App；在电脑中可以在 Adobe Audition 软件中把视频导出为音频文件。

7.2 后期制作

当确定好解说风格、选好电影、获取完素材、准备好解说文案及制作好解说配音之后，就可以着手制作影视解说视频了。本节以电影《罗马假日》为例，介绍剧情类电影解说视频的后期制作方法，让大家在实战中学习。本案例以剪映电脑版操作为主。

7.2.1 导入电影和配音素材

效果展示 获取电影素材和提取配音文件素材后，就可以在剪映中导入素材，并进行简单的调整剪辑，效果如图 7-12 所示。

图 7-12

剪映电脑版的操作方法如下。

步骤 01 在剪映电脑版中导入电影素材和配音素材，单击电影素材右下角的"添加到轨道"按钮 ，如图 7-13 所示。

步骤 02 把素材添加到视频轨道中，拖曳配音素材至音频轨道中，如图 7-14 所示。

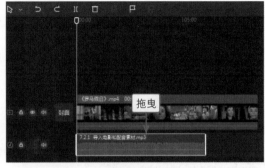

图 7-13 图 7-14

步骤 03 向右拖曳音频素材左侧的白框，去除音频中的静音部分，如图 7-15 所示。

步骤 04 调整音频素材的轨道位置，使其对齐视频的起始位置，如图 7-16 所示，对音频末端的静音部分也进行同样的设置。

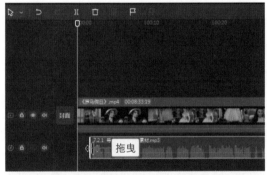

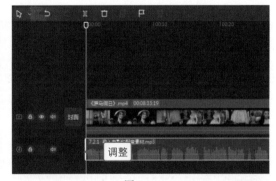

图 7-15 图 7-16

7.2.2 根据配音剪辑电影

效果展示 在剪辑时，要遵循音画统一的原则，也就是画面要对上配音中解说的内容。例如，配音提到哭泣的内容时，就把关于哭泣的那一段画面剪辑到与配音相对应的位置。总之，剪辑解说视频的重点就是根据配音对电影素材进行精细剪辑，效果如图 7-17 所示。

图 7-17 效果展示

x

剪映电脑版的操作方法如下。

步骤 01 ❶拖曳时间指示器至视频相应的位置；❷单击"分割"按钮 II，分割电影素材，如图 7-18 所示。

步骤 02 ❶拖曳时间指示器至往后一点的位置；❷单击"分割"按钮 II；❸选择分割后中间的素材；❹单击"删除"按钮，如图 7-19 所示，把不需要的画面删除。用分割删除或拖曳素材左右两侧白框的方法，根据配音继续剪辑电影素材。

图 7-18

图 7-19

步骤 03 ❶单击音频轨道中的"锁定轨道"按钮，锁定音频轨道；❷按【Ctrl + A】组合键全选所有的视频素材，如图 7-20 所示。

步骤 04 在右上角的"音频"面板中设置"音量"参数为 - ∞ dB，如图 7-21 所示。

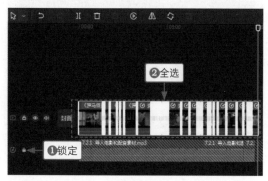
图 7-20

图 7-21

步骤 05 设置所有片段为静音后，在时间线面板中选择要恢复原声的片段，如图 7-22 所示。

步骤 06 设置"音量"参数为 20.0dB，即可令该片段恢复电影原声，如图 7-23 所示。

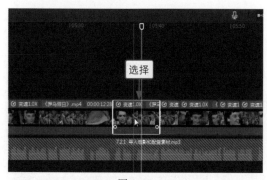
图 7-22

图 7-23

步骤 07 单击音频轨道中的"解锁轨道"按钮，解锁音频轨道，如图 7-24 所示。

步骤 08 调整原声片段下面音频素材的位置，将其后移一些，如图 7-25 所示。

图 7-24   图 7-25

7.2.3 添加解说字幕和水印

效果展示 运用文稿匹配功能可以自动生成解说字幕，前提是配音音频与文案内容相对应。除了添加解说字幕，还可以添加视频标题和水印文字，让解说视频富有个人特色，效果如图 7-26 所示。

图 7-26

剪映电脑版的操作方法如下。

步骤 01 ❶在功能区中单击"文本"按钮；❷切换至"智能字幕"选项卡；❸在"文稿匹配"选项区中单击"开始匹配"按钮，如图 7-27 所示。

步骤 02 ❶在"输入文稿"对话框中粘贴文案；❷单击"开始匹配"按钮，如图 7-28 所示。

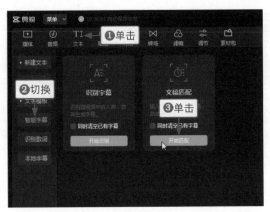

图 7-27   图 7-28

步骤 03 在文本轨道中生成字幕文本，❶拖曳滑块，放大轨道；❷拖曳时间指示器至文本相应的位置，如图 7-29 所示。

图 7-29

步骤 04 ❶设置画面比例为 9：16，制作竖屏画面；❷为解说字幕选择字体；❸设置"字号"为 8；❹选择预设样式；❺调整字幕的大小和位置，如图 7-30 所示。

图 7-30

步骤 05 在时间线面板中调整部分字幕的轨道位置，使其处于正确的位置，并为原声片段添加台词翻译字幕，如图 7-31 所示。

步骤 06 ❶在视频的起始位置切换至"文字模板"选项卡；❷展开"新闻"选项区；❸单击所需文字模板右下角的"添加到轨道"按钮，如图 7-32 所示，添加第 1 段标题字幕。

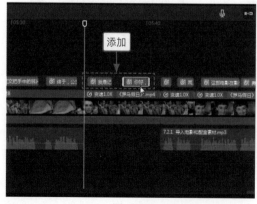

图 7-31

图 7-32

步骤 07 ①切换至"新建文本"选项卡；②单击"默认文本"右下角的"添加到轨道"按钮，
如图 7-33 所示，添加第 2 段标题字幕。

步骤 08 ①在"文字模板"选项卡中展开"美妆"选项区；②单击所需文字模板右下角的"添加
到轨道"按钮，如图 7-34 所示，添加水印文字。

图 7-33

图 7-34

步骤 09 ①更换第 1 段标题字幕的文本内容，并调整其位置；②更换第 2 段标题字幕的文本内容，
选择字体，并调整其大小和位置；③更换水印文本内容，并调整其大小和位置；④单击
"英说电影"文本右侧的"展开"按钮，如图 7-35 所示。

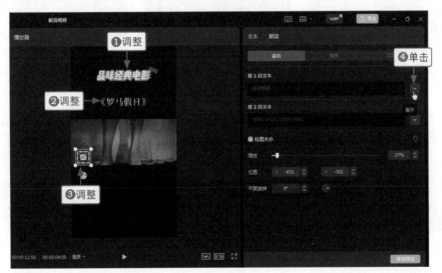

图 7-35

在调整文本的位置和大小时，通过设置"位置"参数、"缩放"参数、"字号"参数或"旋转"参数，
就能精确调整文本的大小、位置和角度。在为多段文本选择字体时，最好选择相似的字体，让整体画面更
加和谐。

步骤 10 为文本选择合适的字体，如图 7-36 所示。

步骤 11 调整 3 段文本的时长，使其末端对齐视频的末尾位置，如图 7-37 所示。

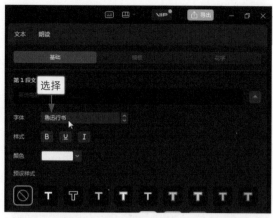

图 7-36

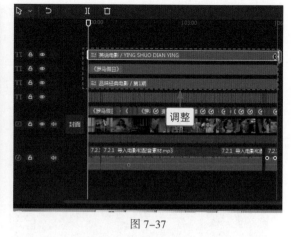

图 7-37

7.2.4 制作解说片头片尾

┃ 效果展示 ┃ 为解说视频制作片头和片尾，不仅可以让视频有始有终，而且能帮助发布者吸引关注、流量和打造自己的 IP，效果如图 7-38 所示。

图 7-38

剪映电脑版的操作方法如下。

步骤 01 ❶拖曳片头素材至视频轨道的起始位置；❷单击"锁定轨道"按钮🔒，锁定视频轨道；❸按【Ctrl + A】组合键全选剩下的所有素材，拖曳并调整其轨道位置，如图 7-39 所示。

步骤 02 解锁视频轨道，❶在视频起始位置切换至"片尾谢幕"选项区；❷单击所需文字模板右下角的"添加到轨道"按钮➕，如图 7-40 所示。

步骤 03 ❶在"基础"选项卡中更换文本内容；❷调整文本的大小，制作视频片头，如图 7-41 所示。

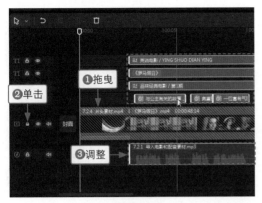

图 7-39

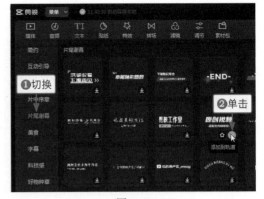

图 7-40

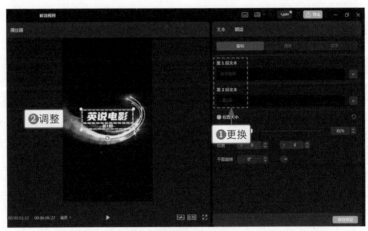

图 7-41

步骤 04 ❶拖曳时间指示器至视频的末尾位置；❷拖曳头像素材和片尾素材至视频轨道和画中画轨道中，并调整头像素材的时长，使其对齐片尾素材的时长，如图 7-42 所示。

步骤 05 ❶在"文字模板"选项卡中切换至"卡拉 OK"选项区；❷单击所需文字模板右下角的"添加到轨道"按钮 ➕，如图 7-43 所示，添加第 1 段片尾文本。

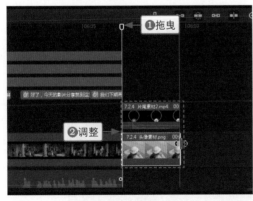

图 7-42

图 7-43

步骤 06 ❶在"文字模板"选项卡中切换至"互动引导"选项区；❷单击所需文字模板右下角的"添加到轨道"按钮 ➕，如图 7-44 所示，添加第 2 段片尾文本。

步骤 07 调整两段片尾文本的时长，使其对齐片尾素材的时长，如图 7-45 所示。

图 7-44

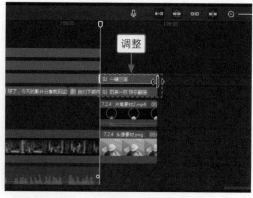

图 7-45

步骤 08 ❶更换第 1 段片尾文本的内容，并调整其大小和位置；❷更换第 2 段片尾文本的内容，并调整其大小和位置，如图 7-46 所示。

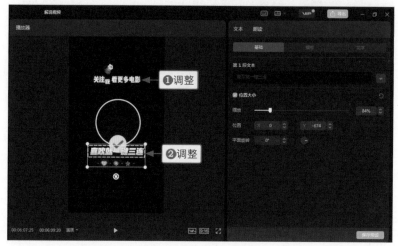

图 7-46

步骤 09 调整头像素材和片尾素材的大小、位置，选择片尾素材，设置"混合模式"为"滤色"，如图 7-47 所示。

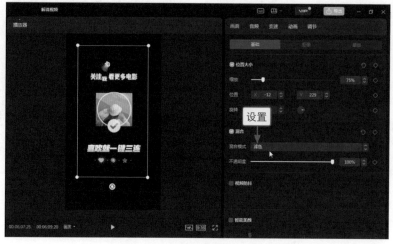

图 7-47

步骤 10　选择头像素材，❶切换至 "蒙版" 选项卡；❷选择 "圆形" 蒙版；❸调整蒙版的大小，让头像出现在片尾素材的圆框中，如图 7-48 所示。

图 7-48

7.2.5　添加边框和背景音乐

效果展示　视频的画面背景全部都是黑色的，看起来会比较单调，可以添加视频边框，为视频增加装饰。给解说视频添加合适的背景音乐，可以让解说的声音内容更加丰富，避免古板，效果如图 7-49 所示。

图 7-49

剪映电脑版的操作方法如下。

步骤 01　拖曳时间指示器至视频的起始位置，❶在功能区中单击 "贴纸" 按钮；❷搜索 "长方形边框"；❸单击所需的黄色边框贴纸右下角的 "添加到轨道" 按钮，如图 7-50 所示。

步骤 02　添加贴纸并调整其时长，使其末端对齐视频的末尾位置，如图 7-51 所示。

步骤 03　在 "贴纸" 面板中设置 "缩放" 参数为 237%，调整贴纸的大小，如图 7-52 所示。

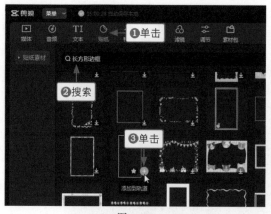

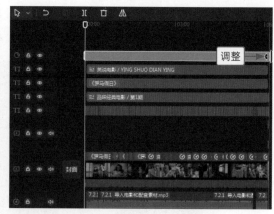

图 7-50

图 7-51

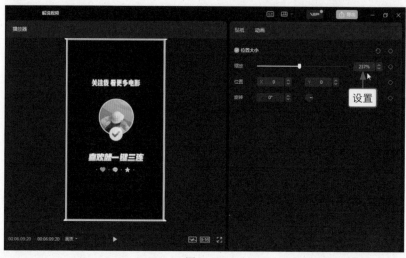

图 7-52

步骤 04 拖曳时间指示器至解说音频的起始位置，❶在功能区中单击"音频"按钮；❷输入关键词进行搜索；❸单击所需音乐右下角的"添加到轨道"按钮，如图 7-53 所示。

步骤 05 向左拖曳音频素材右侧的白框，调整音频素材的时长，删除背景音乐后面起伏变小的部分，如图 7-54 所示。

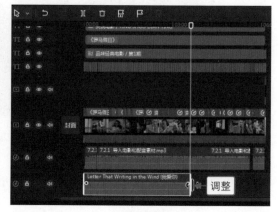

图 7-53

图 7-54

步骤 06 复制该段音频素材并粘贴到剩下的位置，调整其时长，使其末端对齐解说音频的末尾位置，如图 7-55 所示。

步骤 07 选择背景音乐，在"音频"面板中设置"音量"参数为 -20.0dB，如图 7-56 所示，为剩下的背景音乐也设置同样的音量参数，让背景音乐的音量低于解说的音量。

图 7-55

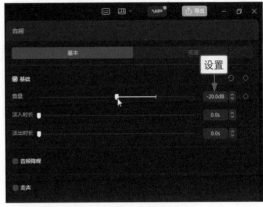
图 7-56

7.2.6 把解说视频上传到云空间

在剪映电脑版中剪辑制作完成的视频可以备份上传至云空间，在其他设备中只需登录同一个抖音账号，就可以下载云空间中的视频。例如，把剪映电脑版中的解说视频工程文件下载到剪映手机版中，可以实现多个设备编辑处理和分享视频。不过，剪映对备份文件的大小有限制，免费容量为 512MB，如果想要扩容，需要付费购买相应的服务。

1. 在剪映电脑版中操作

剪映电脑版的操作方法如下。

步骤 01 打开剪映电脑版，进入"剪映"界面，在"本地草稿"选项卡中移动鼠标指针至解说视频草稿右下角的 ▦ 按钮上并单击，如图 7-57 所示。

步骤 02 在弹出的快捷菜单中选择"备份至"选项，如图 7-58 所示。

图 7-57

图 7-58

步骤 03 在弹出的对话框中默认选择"我的云空间"选项，单击"开始备份"按钮，如图 7-59 所示。

步骤 04 备份完成后，❶切换至"我的云空间"选项卡；❷查看备份的解说视频，如图7-60所示。

图 7-59 图 7-60

在上传和下载备份视频时，所有的设备必须登录同一个抖音账号。

2. 在剪映手机版中操作

剪映手机版的操作方法如下。

步骤 01 打开剪映手机版，在"剪辑"界面中点击"剪映云"按钮，如图7-61所示。

步骤 02 进入"我的云空间"界面，在"全部文件"选项卡中点击解说视频草稿，开始下载视频，如图7-62所示。

步骤 03 下载完成后，回到"剪辑"界面，在"本地草稿"选项卡中选择解说视频草稿，如图7-63所示。

步骤 04 进入视频编辑界面，里面同步了剪映电脑版中所有的素材和轨道，如图7-64所示。

图 7-61 图 7-62

图 7-63   图 7-64

课后实训：设置视频封面

为视频设置封面，可以让视频的第 1 帧画面及文件的封面都显示为需要的画面，从而为视频增加亮点。

本案例主要制作步骤如下。

首先移动鼠标指针至视频轨道的"封面"按钮上，单击该按钮，如图 7-65 所示。

在"封面选择"对话框中拖曳黄线至相应的位置，选择视频帧，如图 7-66 所示，选择好封面之后单击"去编辑"按钮。

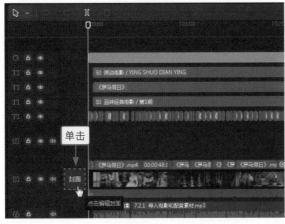

图 7-65

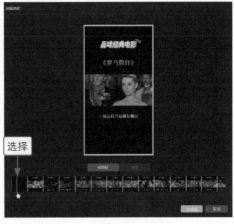

图 7-66

在"封面设计"对话框中可以看到有"模板"选项卡和"文本"选项卡，里面提供了多种模板和添加封面文字的方式。❶单击"裁剪"按钮，可以裁剪视频封面；❷单击"重选封面"按钮，可以重新选择封面；❸如果都不需要改动，就直接单击"完成设置"按钮，如图 7-67 所示，完成封面设置。

图 7-67

第 8 章　扩展：
制作影视字幕特效

影视字幕特效是各种影视作品中必不可少的部分，无论是片头、片尾还是片中，当文字出现的时候，字幕特效也要随之出现。有特色的字幕特效能为影视作品带来记忆点，并引领审美潮流。本章将主要从片头和片尾的角度讲解如何制作精美的影视字幕特效，在案例中教授字幕特效的制作方法。

8.1 制作片头字幕特效

影视作品中的片头字幕一般是以介绍影视作品的名称为主，通过制作各种特效，可以让片名动感十足，不再单调，甚至给观众留下深刻的记忆。

8.1.1 冲击波字幕特效

效果展示 冲击波字幕特效可以让片头文字随着冲击波的出现而显现，同时字幕伴随着动感又炫酷的特效，非常震撼，效果如图 8-1 所示。

图8-1

1. 用剪映电脑版制作

剪映电脑版的操作方法如下。

步骤 01 ❶切换至"素材库"选项卡；❷在"收藏"选项区中单击黑场视频右下角的"添加到轨道"按钮 ➕，如图 8-2 所示，把视频素材添加到视频轨道中，设置其时长为 3s。

步骤 02 ❶在功能区中单击"文本"按钮；❷单击"默认文本"右下角的"添加到轨道"按钮 ➕，如图 8-3 所示。

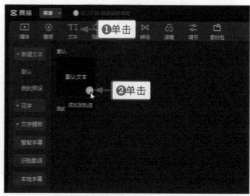

图8-2   图8-3

步骤 03 ❶在"基础"选项卡中输入文本；❷选择字体；❸设置"字间距"参数为 1，略微扩大文字间距，如图 8-4 所示。

图8-4

步骤 04 ❶在操作区中单击"动画"按钮；❷选择"羽化向右擦开"入场动画；❸设置"动画时长"为 2.5s；❹单击"导出"按钮，如图 8-5 所示，导出文字素材。

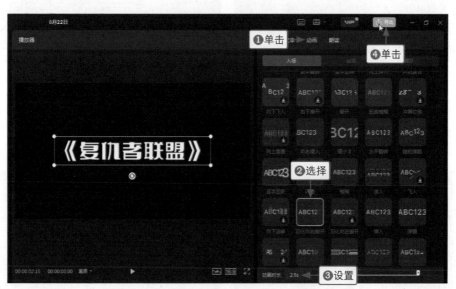

图8-5

步骤 05 在"本地"选项卡中导入特效素材和刚才导出的文字素材，单击文字素材右下角的"添加到轨道"按钮，如图 8-6 所示。

步骤 06 把文字素材添加到视频轨道中，拖曳特效素材至画中画轨道中，如图 8-7 所示。

步骤 07 在"基础"选项卡中设置"混合模式"为"滤色"，把特效抠出来，如图 8-8 所示。

步骤 08 ❶在操作区中单击"变速"按钮；❷设置"倍数"参数为 1.5x，如图 8-9 所示，让特效播放的速度变快一些。

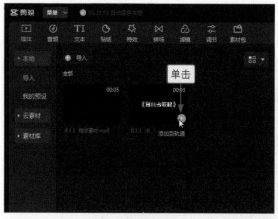

图8-6

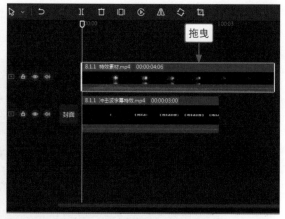

图8-7

图8-8

图8-9

步骤 09 ❶在功能区中单击"特效"按钮；❷切换至"动感"选项卡；❸单击"幻彩故障"特效右下角的"添加到轨道"按钮 ➕ ，如图 8-10 所示。

步骤 10 继续添加"边缘 glitch"动感特效和"黑色噪点"复古特效，如图 8-11 所示。

图8-10

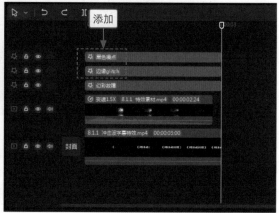

图8-11

在剪映中不能单独给文字添加特效，只有把文字导出为视频，才能添加特效。

2. 用剪映手机版制作

剪映手机版的操作方法如下。

步骤 01 在"素材库"选项卡中添加黑场素材，依次点击"文字"按钮和"新建文本"按钮，如图 8-12 所示。

步骤 02 ❶输入文本内容；❷选择合适的字体；如图 8-13 所示。

步骤 03 ❶切换至"样式"选项卡；❷在"排列"选项区中设置"字间距"参数为 1，如图 8-14 所示。

图8-12

图8-13

图8-14

步骤 04 ❶切换至"动画"选项卡；❷选择"羽化向右擦开"入场动画；❸设置动画时长为 2.5s；❹点击"导出"按钮，如图 8-15 所示，导出文字素材。

步骤 05 在视频轨道中添加文字素材，在画中画轨道中添加特效素材，并点击"混合模式"按钮，如图 8-16 所示。

步骤 06 在"混合模式"面板中选择"滤色"选项，抠出特效，如图 8-17 所示。

步骤 07 依次点击"变速"按钮和"常规变速"按钮，设置参数为 1.5x，增加特效的播放速度，如图 8-18 所示。

步骤 08 回到主界面，依次点击"特效"按钮和"画面特效"按钮，在"动感"选项卡中选择"幻彩故障"特效，如图 8-19 所示。

步骤 09 继续添加"边缘 glitch"动感特效和"黑色噪点"复古特效，如图 8-20 所示。

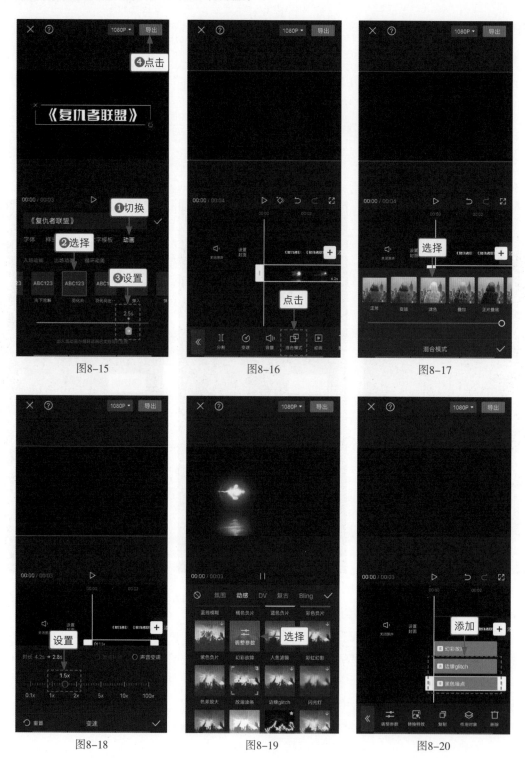

图8-15　　　　　　　　　图8-16　　　　　　　　　图8-17

图8-18　　　　　　　　　图8-19　　　　　　　　　图8-20

8.1.2　滑屏出字特效

效果展示　本例中的字幕特效主要是从上下两边向中间滑屏，露出黑底和字幕，再添加一些电影贴纸，制作出滑屏出字特效，效果如图 8-21 所示。

图8-21

1. 用剪映电脑版制作

剪映电脑版的操作方法如下。

步骤 01 添加黑场素材，❶再添加两段文本，选择合适的字体，调整文本的大小和位置，并将时长都设置为15s；❷单击"导出"按钮，如图 8-22 所示，导出文字素材。

图8-22

步骤 02 在"本地"选项卡中导入背景素材和刚才导出的文字素材，单击背景素材右下角的"添加到轨道"按钮➕，如图 8-23 所示。

步骤 03 把素材添加到视频轨道中，在视频 2s 的位置拖曳文字素材至画中画轨道中，并调整其时长为 13s，如图 8-24 所示。

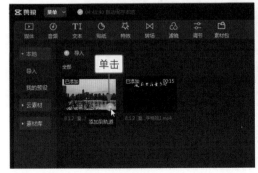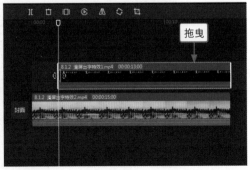

图8-23 图8-24

步骤 04 设置"混合模式"为"正片叠底"，把文字抠出来，如图 8-25 所示。

步骤 05 ❶拖曳时间指示器至视频 2s 的位置；❷在"素材库"选项卡中拖曳黑场素材至第 2 条画中画轨道中，并调整其时长为 13s，如图 8-26 所示。

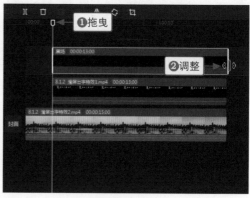

图8-25 图8-26

步骤 06 ❶在黑场素材的起始位置调整黑场素材的位置，使其处于画面的最下方；❷为"位置"参数添加关键帧◆，如图 8-27 所示。

图8-27

步骤 07 在视频 4s 的位置通过设置"位置"参数调整黑场素材的位置，使其向上滑屏，如图 8-28 所示。

图8-28

步骤 08 选择文字素材，❶切换至"蒙版"选项卡；❷选择"线性"蒙版；❸调整蒙版线的位置，使其处于画面最上方；❹在 2s 的位置为"位置"参数添加关键帧 ◆，如图 8-29 所示。

图8-29

步骤 09 在视频 4s 的位置通过设置"位置"参数调整蒙版线的位置，使其向下滑屏，如图 8-30 所示。

图8-30

步骤 10 ❶在功能区中单击"贴纸"按钮；❷搜索"电影"贴纸；❸单击所需贴纸右下角的"添加到轨道"按钮 ，如图 8-31 所示，添加第 1 段电影贴纸。

步骤 11 在视频 6s 的位置添加第 2 段电影贴纸，并调整两段贴纸的时长，如图 8-32 所示。

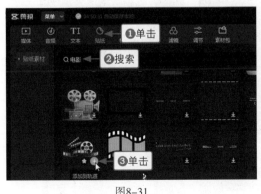

图8-31

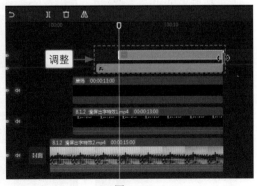

图8-32

步骤 12 在"播放器"面板中调整两段贴纸的大小和位置，❶在操作区中单击"动画"按钮；❷选择"渐显"入场动画；❸设置"动画时长"为 1.5s，如图 8-33 所示，对另一段贴纸进行同样的动画设置。

图8-33

在剪映电脑版中，目前"镜面"蒙版的关键帧功能不支持蒙版变化的持续动画，所以电脑版的操作要复杂一些，而在剪映手机版中，不需要黑场素材，也能制作出滑屏效果。

2. 用剪映手机版制作

剪映手机版的操作方法如下。

步骤 01 在"素材库"选项卡中添加黑场素材，依次点击"文字"按钮和"新建文本"按钮，❶添加两段文本，选择合适的字体，调整其大小和位置，时长都设置为13s；❷点击"导出"按钮，如图 8-34 所示，导出文字素材。

步骤 02 在视频轨道中添加背景素材，在视频 2s 的位置添加文字素材至画中画轨道中，❶调整文字素材的画面大小；❷点击"混合模式"按钮，如图 8-35 所示。

步骤 03 在"混合模式"面板中选择"正片叠底"选项，过滤文字，如图 8-36 所示。

图8-34

图8-35

图8-36

步骤 04　❶在文字素材的起始位置点击 ◇ 按钮添加关键帧；❷点击"蒙版"按钮，如图 8-37 所示。

步骤 05　❶选择"镜面"蒙版；❷点击"反转"按钮；❸放大蒙版，露出所有的画面，如图 8-38 所示。

步骤 06　❶拖曳时间轴至视频 4s 的位置；❷双指捏合画面，缩小蒙版，露出字幕和黑底，如图 8-39 所示。

步骤 07　回到主界面，依次点击"贴纸"按钮和"添加贴纸"按钮，❶搜索"电影"贴纸；❷选择一款贴纸，如图 8-40 所示。

步骤 08　在视频 6s 的位置添加第 2 段电影贴纸，❶调整两段贴纸的时长、画面大小和位置；❷点击"动画"按钮，如图 8-41 所示。

步骤 09　❶选择"渐显"入场动画；❷设置动画时长为 1.5s，如图 8-42 所示，对另一段贴纸也进行同样的动画设置。

图8-37

图8-38

图8-39

图8-40

图8-41

图8-42

8.1.3 电影海报片头

效果展示 电影海报一般都是静态的，而在视频中需要制作动态的效果，以吸引观众观看视频，效果如图 8-43 所示。

图8-43

1. 用剪映电脑版制作

剪映电脑版的操作方法如下。

步骤 01 在"本地"选项卡中导入电影海报素材和两段颜色不同的文字素材，单击电影海报素材右下角的"添加到轨道"按钮➕，如图 8-44 所示，把素材添加到视频轨道中。

步骤 02 ❶拖曳红色文字素材至第 1 条画中画轨道中；❷拖曳白色文字素材至第 2 条画中画轨道中，如图 8-45 所示。

图8-44   图8-45

步骤 03 ❶为两段文字素材设置"混合模式"为"滤色"，抠出文字；❷调整两段文字素材的画面大小和位置，制作白字加红色阴影的立体文字效果，如图 8-46 所示。

步骤 04 选择白字素材，❶在操作区中单击"动画"按钮；❷选择"向右滑动"入场动画；❸设置"动画时长"为 2.5s，如图 8-47 所示，为红字素材设置"向左滑动"入场动画，动画时长也设置为 2.5s。

步骤 05 拖曳时间指示器至视频起始位置，❶在功能区中单击"贴纸"按钮；❷搜索"动态电影"；❸单击所需贴纸右下角的"添加到轨道"按钮➕，如图 8-48 所示，添加贴纸。

图8-46

图8-47

步骤 06　❶调整贴纸的时长，使其对齐视频的时长；❷在红色文字素材 3s 的位置单击"分割"按钮‖分割素材，如图 8-49 所示，对白字素材也进行同样的分割操作。

步骤 07　❶调整贴纸的画面大小和位置；选择分割后的第 2 段白字素材，❷在素材的起始位置单击"画面"按钮；❸切换至"蒙版"选项卡；❹选择"线性"蒙版；❺调整蒙版线的位置；❻为"旋转"参数添加关键帧◆，如图 8-50 所示。

图8-48

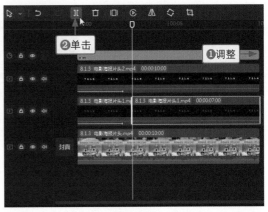

图8-49

图8-50

步骤 08 拖曳时间指示器至视频 8s 的位置，通过设置"旋转"参数旋转蒙版线，制作文字动画，如图 8-51 所示。

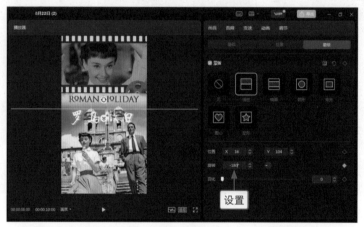

图8-51

步骤 09 拖曳时间指示器至视频的起始位置，❶在功能区中单击"特效"按钮；❷切换至"金粉"选项卡；❸单击"金粉旋转"特效右下角的"添加到轨道"按钮➕，如图 8-52 所示。

步骤 10 在"金粉旋转"特效的后面继续添加"怦然心动"爱心特效和"仙尘闪闪"金粉特效，并调整其时长，如图 8-53 所示。

图8-52

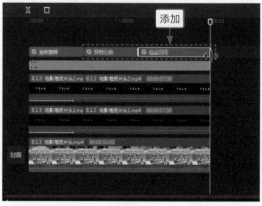

图8-53

2. 用剪映手机版制作

剪映手机版的操作方法如下。

步骤 01 在剪映中导入海报素材，❶在第 1 条画中画轨道中添加红字素材，在第 2 条画中画轨道中添加白字素材；❷点击"混合模式"按钮，如图 8-54 所示。

步骤 02 在"混合模式"面板中选择"滤色"选项，过滤文字，如图 8-55 所示，为红字素材也设置"滤色"混合模式。

步骤 03 ❶调整两段文字素材的画面大小和位置，制作白字加红色阴影的立体文字效果；❷选择白字素材；❸依次点击"动画"按钮和"入场动画"按钮，如图 8-56 所示。

图8-54 图8-55 图8-56

步骤 04 ❶选择"向右滑动"动画；❷设置动画时长为 2.5s，如图 8-57 所示，为红字素材设置"向左滑动"入场动画，动画时长也设置为 2.5s。

步骤 05 分别为红字素材和白字素材在视频 3s 的位置点击"分割"按钮，分割素材，❶选择分割后的第 2 段白字素材，❷在素材的起始位置点击◇按钮添加关键帧；❸点击"蒙版"按钮，如图 8-58 所示。

步骤 06 ❶选择"线性"蒙版；❷调整蒙版线的位置，如图 8-59 所示。

步骤 07 ❶拖曳时间轴至视频 8s 的位置；❷调整蒙版线的角度，使其旋转 -180°，如图 8-60 所示。

步骤 08 回到主界面，在视频起始位置依次点击"贴纸"按钮和"添加贴纸"按钮，❶搜索"动态电影"；❷选择一款贴纸，如图 8-61 所示。

步骤 09 ❶调整贴纸的时长、画面大小和位置；回到主界面，在视频起始位置依次点击"特效"按钮和"画面特效"按钮，❷依次添加"金粉旋转"金粉特效、"怦然心动"爱心特效和"仙尘闪闪"金粉特效，并调整时长，如图 8-62 所示。

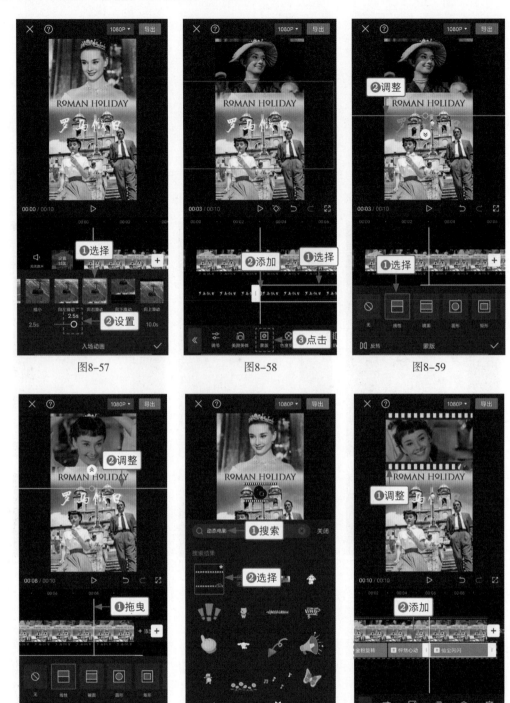

图8-57　　　　　　　　　图8-58　　　　　　　　　图8-59

图8-60　　　　　　　　　图8-61　　　　　　　　　图8-62

8.2　制作片尾字幕特效

片尾文字主要是一些谢幕词，这些字幕的特效包含定格画面谢幕特效和视频倒影滚动字幕特效，当然，还有其他类型的片尾字幕特效，大家学完本节内容后可以发挥创意进行创作。

8.2.1 定格画面谢幕特效

效果展示 通过定格画面制作老照片效果，然后添加动态的谢幕词，就能制作定格画面谢幕特效，效果如图 8-63 所示。

图8-63

1. 用剪映电脑版制作

剪映电脑版的操作方法如下。

步骤 01 在剪映电脑版中导入视频素材和背景音乐，❶把视频素材添加到视频轨道中；❷拖曳背景音乐至音频轨道中；❸在视频的末尾位置单击"定格"按钮 ▣，如图 8-64 所示。

步骤 02 定格画面之后，设置定格素材的时长为 6s，如图 8-65 所示。

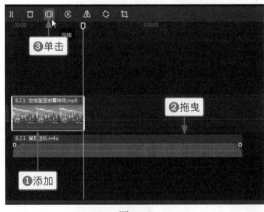

图8-64

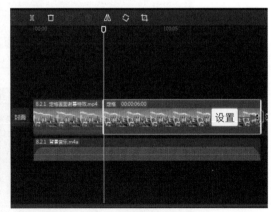

图8-65

步骤 03 在定格素材的起始位置为"缩放"和"位置"参数添加关键帧 ◆，如图 8-66 所示。

步骤 04 拖曳时间指示器至视频 00:00:05:20 的位置，调整定格素材的画面大小和位置，如图 8-67 所示。

步骤 05 添加一段"默认文本"，❶输入文本内容；❷选择字体；❸调整文本的大小和位置，如图 8-68 所示。

步骤 06 添加一段"默认文本"，❶输入英文文本；❷选择字体；❸设置"字间距"参数为 2；❹调整文本的大小和位置，如图 8-69 所示。

图8-66

图8-67

图8-68

图8-69

步骤 07 ❶在操作区中单击"动画"按钮；❷选择"生长"入场动画；❸设置"动画时长"为 1.0s，如图 8-70 所示，对中文文字也进行同样的动画设置。

图8-70

步骤 08 ❶在定格素材的起始位置单击"滤镜"按钮；❷切换至"黑白"选项卡；❸单击"布朗"滤镜右下角的"添加到轨道"按钮 ，如图 8-71 所示，添加滤镜制作老照片效果。

步骤 09 调整"布朗"滤镜的时长，使滤镜的末尾位置对齐定格素材的末尾位置，如图 8-72 所示。

图8-71

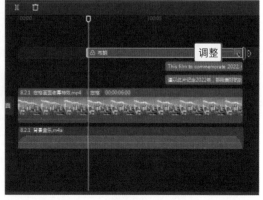

图8-72

步骤 10 ❶在"布朗"滤镜的起始位置为"强度"参数添加关键帧；❷设置"强度"参数为 0，如图 8-73 所示。

步骤 11 拖曳时间指示器至文本的起始位置，设置"强度"参数为 100，制作画面慢慢变成旧照片的效果，如图 8-74 所示。

> 在剪映电脑版中添加特效的时候不能选择作用对象，因为特效默认应用于整个画面，所以本案例的老照片效果以剪映手机版制作出来的效果为主。

图8-73

图8-74

2. 用剪映手机版制作

剪映手机版的操作方法如下。

步骤 01 在剪映手机版中导入视频素材，在视频素材的末尾位置点击"定格"按钮，定格画面，并设置定格素材的时长为 6s，如图 8-75 所示。

步骤 02 运用"音频"工具栏中的"提取音乐"功能添加背景音乐，在定格素材的起始位置点击按钮添加关键帧，如图 8-76 所示。

步骤 03 ❶拖曳时间轴至视频 5s 左右的位置；❷调整定格素材的画面大小和位置，如图 8-77 所示。

步骤 04 ❶添加一段中文文本，选择合适的字体，并调整其大小和位置；❷切换至"动画"选项卡；

❸选择"生长"入场动画；❹设置动画时长为 1.0s，如图 8-78 所示。

步骤 05 　❶添加一段英文文本，选择合适的英文字体；❷切换至"样式"选项卡；❸在"排列"选项区中设置"字间距"参数为 2；❹并调整文本大小和位置，如图 8-79 所示，设置"生长"入场动画，动画时长也为 1.0s。

步骤 06 　在定格素材的起始位置添加"老照片"纹理特效和"白色边框"复古特效，并调整两段特效的时长，使其对齐定格素材的时长，如图 8-80 所示。

图8-75

图8-76

图8-77

图8-78

图8-79

图8-80

8.2.2 视频倒影滚动字幕特效

效果展示 影视作品谢幕的时候，会展示演出人员及后期工作人员的滚动字幕名单。制作视频倒影滚动字幕，能让谢幕画面更加精美，效果如图 8-81 所示。

图8-81

1.用剪映电脑版制作

剪映电脑版的操作方法如下。

步骤 01 在剪映电脑版中导入背景视频和人像视频，单击背景视频右下角的"添加到轨道"按钮▣，如图 8-82 所示，把背景视频添加到视频轨道中。

步骤 02 拖曳同一段人像视频至第 1 条画中画轨道和第 2 条画中画轨道中，❶选择第 2 条画中画轨道中的视频；❷双击"旋转"按钮↻；❸单击"镜像"按钮▣，如图 8-83 所示。

图8-82

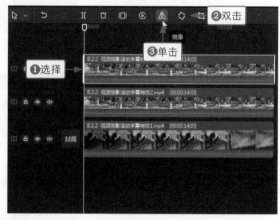

图8-83

> **温馨提示** 在"素材库"选项卡中的"空镜头"选项区中，有许多画面精美的空镜头视频，通过一些简单的后期处理就能制作成背景视频。

步骤 03 翻转视频，❶调整两段人像视频在画面中的大小和位置；❷设置第 2 条画中画轨道中视频的"不透明度"参数为 64%，制作倒影，如图 8-84 所示。

步骤 04 ❶切换至"蒙版"选项卡；❷选择"线性"蒙版；❸调整蒙版线的位置；❹设置"羽化"参数为 46，让倒影边缘过渡得更加自然，如图 8-85 所示。

图8-84

图8-85

步骤 05 ❶在起始位置单击"文本"按钮；❷单击"默认文本"右下角的"添加到轨道"按钮，如图 8-86 所示。

步骤 06 ❶设置第 1 段默认文本的时长为 6s 左右；❷在视频 00:00:02:10 的位置添加第 2 段默认文本，并调整其时长，使其末端对齐视频的末尾位置，如图 8-87 所示。

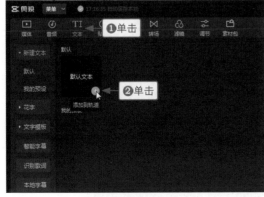

图8-86

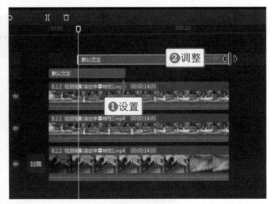

图8-87

步骤 07 选择第 1 段默认文本，❶输入"演出表"，并选择合适的字体；❷调整文本的位置，使其处于画面右侧的最下方；❸为"位置"参数添加关键帧 ◆，如图 8-88 所示。

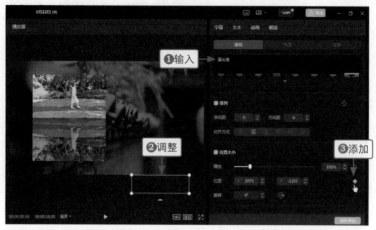

图8-88

步骤 08 拖曳时间指示器至第 1 段默认文本的末尾位置，通过设置"位置"参数调整文本的位置，使其处于画面的最上方，如图 8-89 所示。

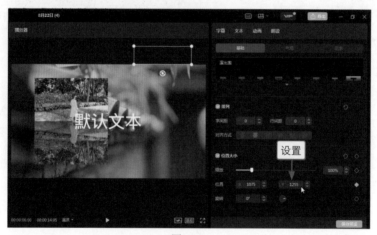

图8-89

步骤 09 选择第 2 段默认文本，❶输入谢幕人员名单；❷选择合适的字体，并调整文本的大小；❸设置"字间距"参数为 2，"行间距"参数为 10，如图 8-90 所示。

图8-90

步骤 10 ❶在文本的起始位置调整文本的位置，使其处于画面的最下方；❷为"位置"参数添加关键帧◆，如图 8-91 所示。

图8-91

步骤 11 拖曳时间指示器至第 2 段文本的末尾位置，通过设置"位置"参数调整文本的位置，使其处于画面的最上方，如图 8-92 所示。

图8-92

2. 用剪映手机版制作

剪映手机版的操作方法如下。

步骤 01 在剪映手机版的"素材库"选项卡中导入黑场素材，设置其时长为 14.1s，点击"比例"按钮，选择 9∶16 选项，把横屏变成竖屏，如图 8-93 所示。

步骤 02 ❶添加两段文本，设置合适的字体、大小、时长和位置；❷点击"导出"按钮，如图 8-94 所示，导出字幕素材。

步骤 03 把背景素材导入视频轨道中，将人像视频添加到第 1 条画中画轨道和第 2 条画中画轨道中，❶选择第 2 条画中画轨道中的视频；❷点击"编辑"按钮，如图 8-95 所示。

步骤 04 ❶点击"旋转"按钮两次；❷点击"镜像"按钮；❸调整两段人像视频在画面中的大小和位置，如图 8-96 所示。

图8-93

图8-94

图8-95

步骤 05 为第 2 条画中画轨道中的视频设置"不透明度"参数为 64，制作倒影，如图 8-97 所示。

步骤 06 点击"蒙版"按钮，❶选择"线性"蒙版；❷调整蒙版线的位置；❸拖曳 ✕ 按钮羽化边缘，如图 8-98 所示。

步骤 07 在视频起始位置点击"新增画中画"按钮，❶在"视频"选项区添加刚才导出的字幕素材，点击"混合模式"按钮；❷选择"滤色"选项，如图 8-99 所示。

步骤 08 ❶在字幕素材的起始位置点击 ◈ 按钮添加关键帧；❷调整字幕素材的大小和位置，使其处于画面右侧的下方，如图 8-100 所示。

图8-96

图8-97

图8-98

步骤 09 ❶拖曳时间轴至字幕素材的末尾位置；❷调整字幕素材的位置，使其处于画面右侧的上方，如图 8-101 所示。

图8-99　　　　　　图8-100　　　　　　图8-101

课后实训：制作横屏滚动字幕特效

效果展示 影视作品谢幕的时候，除了有竖屏滚动字幕的特效，还有横屏滚动字幕的特效，效果如图 8-102 所示。

图8-102

本案例主要制作步骤如下。

把视频添加到视频轨道中，❶首先调整视频的位置，使其处于画面下方，并添加一段和视频时长一致的默认文本；❷输入文本内容；❸选择字体；❹设置合适的样式，如图 8-103 所示。

❶然后设置相应的"排列"参数和"位置大小"参数，使字幕处于画面上方的最左侧；❷在文本的起始位置为"位置"参数添加关键帧◆，如图 8-104 所示。

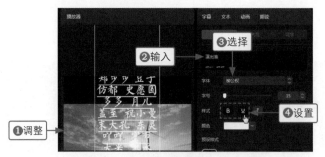

图8-103

图8-104

在末尾位置通过设置"位置"参数调整文本的位置，使其处于画面最右侧，如图 8-105 所示。

图8-105

第 9 章　武侠类特效：
传统又极具实用性

在武侠片中，特效使用得非常广泛，各种道具效果和功夫演示都需要特效来完善。比如，邵氏武侠电影中的各种刀剑特效，还有以 1997 年电视剧《天龙八部》为代表的金庸武侠电视剧，都少不了各种道具和功夫特效，来达到书中所描述的武侠画面效果。本章主要为大家介绍如何制作武侠类特效。

9.1 移形换位特效

移形换位特效也是瞬移特效，一般武侠片中的高手会有这样的功夫，能够瞬间从一个地点转移到另一个地点，效果如图 9-1 所示。

图9-1

9.1.1 用剪映电脑版制作

剪映电脑版的操作方法如下。

步骤 01 把同一场景下人物站在不同位置的视频、空镜头视频素材及背景音乐导入"本地"选项卡中，单击第 1 段人物视频右下角的"添加到轨道"按钮➕，如图 9-2 所示。

步骤 02 ❶在第 1 段人物视频的后面依次把空镜头素材和第 2 段人物视频拖曳至视频轨道中；❷在第 1 段人物视频末尾左右的位置单击"定格"按钮▣，如图 9-3 所示，定格画面。

图9-2

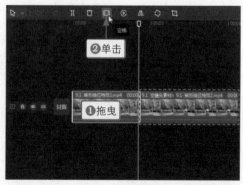

图9-3

步骤 03 把定格素材拖曳至画中画轨道中，并调整其时长和轨道位置，使其起始位置对齐空镜头素材的起始位置，末尾位置略微超过空镜头素材的末尾位置，如图 9-4 所示。

步骤 04 ❶切换至"抠像"选项卡；❷选中"智能抠像"复选框，如图 9-5 所示。

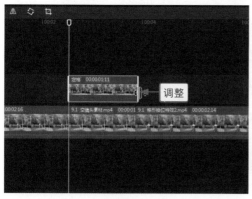
图9-4

图9-5

步骤 05 抠出人像，❶切换至"基础"选项卡；❷在定格素材的起始位置为"缩放"参数和"位置"参数添加关键帧，如图 9-6 所示。

图9-6

步骤 06 拖曳时间指示器至视频 00:00:03:04 的位置，调整定格素材的大小和位置，使其处于画面左侧的位置，如图 9-7 所示。

步骤 07 拖曳时间指示器至视频 00:00:03:26 的位置，调整定格素材的大小和位置，使人像略微覆盖第 2 段人物视频中的人像，如图 9-8 所示。

步骤 08 拖曳时间指示器至视频 00:00:04:02 的位置，❶在功能区中单击"文本"按钮；❷在"文字模板"选项卡中切换至"美食"选项区；❸单击所需文字模板右下角的"添加到轨道"按钮，如图 9-9 所示。

步骤 09 ❶调整文本的时长，使其末尾位置对齐视频的末尾位置；❷在定格素材和第 2 段人物视频的位置添加"幻影Ⅱ"动感特效和"落叶"自然特效，并调整时长，如图 9-10 所示。

图9-7

图9-8

图9-9

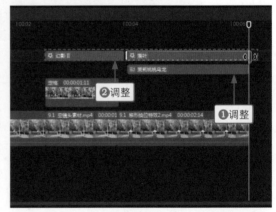

图9-10

步骤 10 选择文字素材，❶更改文本内容；❷调整文本的大小和位置；❸单击文本内容右侧的"展开"按钮 ⬇，为文本设置合适的字体，如图 9-11 所示。

图9-11

步骤 11　拖曳时间指示器至起始位置，❶单击"音频"按钮；❷在"音效素材"选项卡中搜索"鸟叫"音效；❸单击所需音效右下角的"添加到轨道"按钮 ，如图 9-12 所示。

步骤 12　❶调整音效的时长，使其对齐视频的时长；❷在"本地"选项卡中拖曳背景音乐至第 2 条音频轨道中，并调整其轨道位置，如图 9-13 所示。

图9-12

图9-13

9.1.2　用剪映手机版制作

剪映手机版的操作方法如下。

步骤 01　在剪映手机版中依次导入同一场景下人物站在不同位置的视频和空镜头素材，❶用"提取音乐"功能导入背景音乐，并调整其轨道位置；❷在第 1 段人物视频的末尾位置点击"定格"按钮，如图 9-14 所示。

步骤 02　定格画面后，默认选择定格素材，点击"切画中画"按钮，如图 9-15 所示。

步骤 03　把定格素材切换至画中画轨道中，❶调整定格素材的时长和轨道位置，使其时长为 1.4s，起始位置对齐空镜头素材的起始位置；❷依次点击"抠像"按钮和"智能抠像"按钮，抠出人像；❸在定格素材的起始位置点击 按钮添加关键帧，如图 9-16 所示。

图9-14

图9-15

图9-16

步骤 04 ❶拖曳时间轴至定格素材中间左右的位置；❷调整定格素材的画面大小和位置，使其处于画面左侧的位置，如图 9-17 所示。

步骤 05 ❶拖曳时间轴至定格素材的末尾位置；❷调整定格素材的大小和位置，使人像略微覆盖第 2 段人物视频中的人像，如图 9-18 所示。

步骤 06 ❶在定格素材和第 2 段人物视频的位置添加"幻影Ⅱ"动感特效和"落叶"自然特效，并调整时长和轨道位置；❷选择"幻影Ⅱ"特效；❸点击"作用对象"按钮，如图 9-19 所示。

步骤 07 在"作用对象"面板中选择"全局"选项，让特效作用于所有轨道中的画面，如图 9-20 所示。

步骤 08 在"落叶"特效的起始位置依次点击"文字"按钮和"文字模板"按钮，❶在"美食"选项区中选择文字模板；❷更改文本内容，设置合适的字体；❸调整文本的大小和位置，如图 9-21 所示，并调整文本的时长，使其末尾位置对齐视频的末尾位置。

步骤 09 在视频起始位置依次点击"音频"按钮和"音效"按钮，❶搜索"鸟叫"音效；❷点击所需音效右侧的"使用"按钮，如图 9-22 所示，添加音效并调整其时长，使其对齐视频的时长。

使用"提取音乐"功能，点击"音频"按钮后，点击"提取音乐"按钮，选择有背景音乐的视频，再点击"仅导入视频的声音"按钮，就可以提取视频中的音乐。

图9-17

图9-18

图9-19

图9-20

图9-21

图9-22

9.2 挥剑劈水特效

效果展示 武侠片里经常有打斗的特效，其中最经典的就是击水、劈水特效——用剑向水面一挥或一劈，水面立刻激起水花，展现人物的高强武艺，效果如图 9-23 所示。

图9-23

9.2.1 用剪映电脑版制作

剪映电脑版的操作方法如下。

步骤 01 把人物挥剑劈水的视频添加到视频轨道中，❶在功能区中单击"特效"按钮；❷切换至"氛围"选项卡；❸单击"蝶舞"特效右下角的"添加到轨道"按钮，如图 9-24 所示，添加人物挥剑发力之前的开场特效。

步骤 02 ❶调整"蝶舞"特效的时长，使其末尾位置处于视频 4s 左右的位置；❷在"蝶舞"特效的后面把水花特效素材拖曳至画中画轨道中，使其末端对齐视频的末尾位置，如图 9-25 所示。

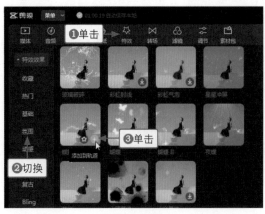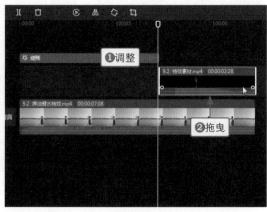

图9-24   图9-25

步骤 03 ❶设置"混合模式"为"滤色"，抠出水花；❷调整水花特效素材的画面位置，使其处于水面上，且处于挥剑的方向上，如图 9-26 所示。

图9-26

9.2.2 用剪映手机版制作

剪映手机版的操作方法如下。

步骤 01 在剪映手机版中导入人物挥剑劈水的视频，把水花特效素材添加到画中画轨道中，并调整其轨道位置，点击"混合模式"按钮，如图 9-27 所示。

步骤 02 ❶选择"滤色"选项；❷调整特效素材的画面位置，如图 9-28 所示。

步骤 03 在视频的起始位置依次点击"特效"按钮和"画面特效"按钮，添加"蝶舞"氛围特效，并调整其时长，使其末端处于视频 4s 左右的位置，如图 9-29 所示。

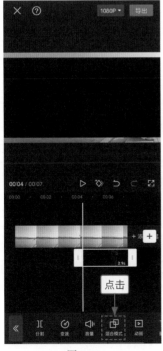

图9-27　　　　　　　　图9-28　　　　　　　　图9-29

9.3 亢龙有悔特效

效果展示 亢龙有悔是金庸小说中降龙十八掌中的招式，制作该特效主要应展现招式的多样性和复杂性，该特效也带有一些分身的效果，如图 9-30 所示。

图9-30

9.3.1 用剪映电脑版制作

剪映电脑版的操作方法如下。

步骤 01 把人物出招的视频添加到视频轨道中，❶拖曳时间指示器至视频 00:00:01:26 人物出第 1 招的位置；❷单击"定格"按钮 ，如图 9-31 所示，定格画面。

步骤 02 拖曳定格素材至画中画轨道中，并调整其时长，使其末端对齐视频的末尾位置，如图 9-32 所示。

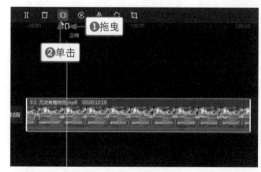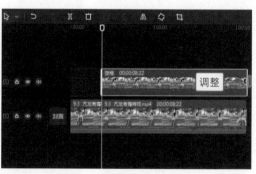

图9-31   图9-32

步骤 03 ❶切换至"抠像"选项卡；❷选中"智能抠像"复选框，如图 9-33 所示。

步骤 04 抠出定格素材中的人像，❶单击"动画"按钮；❷选择"放大"入场动画；❸设置"动画时长"为 0.7s，如图 9-34 所示。

图9-33

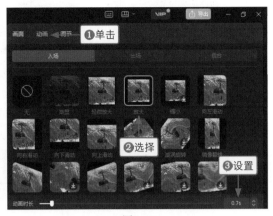

图9-34

步骤 05 ❶单击"画面"按钮；❷设置"不透明度"参数为 70%；❸通过设置"位置"参数调整素材的画面位置，使其处于画面左侧，制作分身效果，如图 9-35 所示。

图9-35

步骤 06 用同样的方法，在视频 00:00:03:01 人物出第 2 招、00:00:04:21 人物出第 3 招、00:00:07:21 人物出第 4 招的位置，定格素材并调整其轨道位置和时长，再进行智能抠像、设置入场动画和不透明度、调整位置，最终画面如图 9-36 所示。

步骤 07 拖曳时间指示器至视频 00:00:08:23 的位置，❶在功能区中单击"文本"按钮；❷在"文字模板"选项卡中切换至"节日"选项区；❸单击所需文字模板右下角的"添加到轨道"按钮，如图 9-37 所示。

步骤 08 ❶调整文本的时长，使其末端对齐视频的末尾位置；❷在起始位置依次添加"抖动"动感特效和"丁格尔光线"光特效，并调整时长，如图 9-38 所示。

图9-36

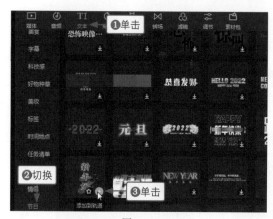

图9-37

图9-38

步骤 09 选择文字素材，❶更改文本内容；❷调整文本的画面位置，如图 9-39 所示。

图9-39

9.3.2 用剪映手机版制作

剪映手机版的操作方法如下。

步骤 01 在剪映手机版中导入人物出招的视频，在视频1s左右人物出第1招的位置点击"定格"按钮，如图9-40所示。

步骤 02 定格画面之后，默认选择定格素材，点击"切画中画"按钮，如图9-41所示。

步骤 03 把素材切换至第1条画中画轨道中，❶调整其时长，使其末端对齐视频的末尾位置；❷依次点击"抠像"按钮和"智能抠像"按钮，抠出人像，如图9-42所示。

图9-40　　　　　　　　　图9-41　　　　　　　　　图9-42

步骤 04 点击"不透明度"按钮，❶设置"不透明度"参数为70；❷调整定格素材的画面位置，制作分身效果，如图9-43所示。

步骤 05 依次点击"动画"按钮和"入场动画"按钮，❶选择"放大"动画；❷设置动画时长为0.7s，如图9-44所示。

步骤 06 用同样的方法，在视频3s左右人物出第2招、5s左右人物出第3招、8s左右人物出第4招的位置，定格素材并调整其轨道位置和时长，再进行智能抠像、设置不透明度和调整位置，以及设置入场动画，最终画面如图9-45所示。

步骤 07 在起始位置依次添加"抖动"动感特效和"丁格尔光线"光特效，并调整时长，如图9-46所示。

步骤 08 回到主界面，在视频8s左右的位置依次点击"文字"按钮和"文字模板"按钮，如图9-47所示。

步骤 09 ❶在"节日"选项区中选择文字模板；❷更改文本内容；❸调整文本的位置，如图9-48所示，并调整文本的时长，使其末尾位置对齐视频的末尾位置。

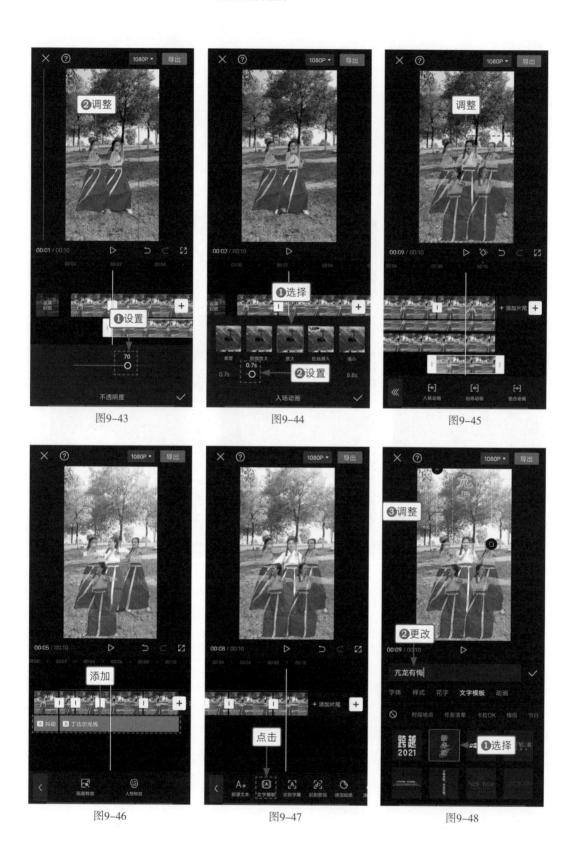

图9-43

图9-44

图9-45

图9-46

图9-47

图9-48

9.4　发功特效

效果展示　在武侠片中，当人物运功的时候，通常会有很多光特效，这些特效经过后期合成能与人物运功动作完美适配，效果如图 9-49 所示。

图9-49

9.4.1　用剪映电脑版制作

剪映电脑版的操作方法如下。

步骤 01　把人物发功的正面视频和侧面视频依次添加到视频轨道中，拖曳特效素材至画中画轨道中，如图 9-50 所示。

步骤 02　设置"混合模式"为"滤色"，抠出特效，如图 9-51 所示。

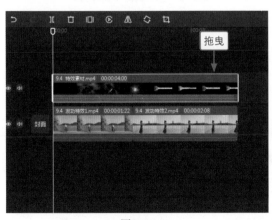

图9-50　　　　　　　　　　　　　　　　　　图9-51

步骤 03　❶拖曳时间指示器至两段人物视频之间的位置；❷单击"分割"按钮，如图 9-52 所示，分割特效素材。

步骤 04　❶在功能区中单击"转场"按钮；❷切换至"叠化"选项卡；❸单击"闪白"转场右下角的"添加到轨道"按钮，如图 9-53 所示，添加转场。

步骤 05　选择分割后的第 1 段特效素材，通过设置"位置"参数调整其画面位置，使其与人物运功的位置相配，如图 9-54 所示，对第 2 段特效素材也进行同样的设置。

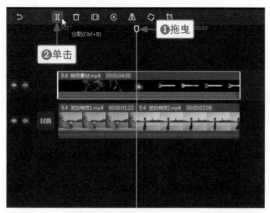

图9-52

图9-53

图9-54

9.4.2　用剪映手机版制作

剪映手机版的操作方法如下。

步骤 01　在剪映手机版中依次导入人物发功的正面视频和侧面视频，点击两段视频之间的 | 按钮，❶在"转场"面板中切换至"叠化"选项卡；❷选择"闪白"转场，在两段视频之间添加转场，如图 9-55 所示。

步骤 02　在视频起始位置依次点击"画中画"按钮和"新增画中画"按钮，在"视频"选项区中添加特效素材，❶调整特效素材的画面大小；点击"混合模式"按钮，❷选择"滤色"选项，抠出特效，如图 9-56 所示。

步骤 03　在两段人物视频之间的位置点击"分割"按钮，分割特效素材，调整第 2 段特效素材的画面位置，使其与人物发功的位置适配，如图 9-57 所示，对第 1 段特效素材也进行同样的设置。

图9-55

图9-56

图9-57

课后实训：背剑特效

效果展示　在剪映电脑版中通过添加剑气特效素材，以及运用智能抠像功能，可以制作人物背剑的特效，效果如图 9-58 所示。

图9-58

本案例主要制作步骤如下。

首先把人物视频添加到视频轨道中，拖曳特效素材至画中画轨道中，如图 9-59 所示。

❶设置"混合模式"为"滤色"，抠出特效；❷通过设置"位置"参数调整特效素材的位置，使其

处于人物背后，如图 9-60 所示。

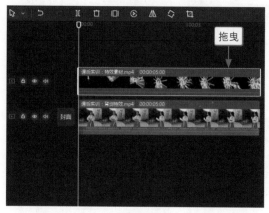

图9-59   图9-60

然后把同一段人物视频拖曳至第 2 条画中画轨道中，如图 9-61 所示。

❶切换至"抠像"选项卡；❷选中"智能抠像"复选框，抠出人像，这样就能制作出特效素材在人物背后的效果，如图 9-62 所示。

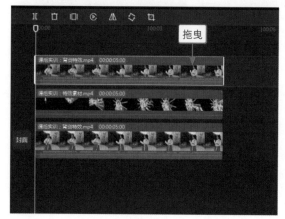

图9-61   图9-62

第 10 章　仙侠类特效：
全网夸赞的巨制佳作

说到仙侠片，最有代表性的作品就是《仙剑奇侠传》，其
中的各种仙侠特效，如御剑飞行和出场特效，让人印象深刻。
当然，在一些与神仙有关的影视作品中，也有很多我们熟悉的
特效，如神仙下凡特效、与龙元素有关的特效。本章将带领大
家制作相关的仙侠类特效。

10.1 仙剑人物出场特效

效果展示 在一些仙侠剧中，当人物出场的时候，会有人物出场介绍特效，让观众了解角色的身份和背景。在剪映中可以制作同款特效，效果如图 10-1 所示。

图 10-1

10.1.1 用剪映电脑版制作

剪映电脑版的操作方法如下。

步骤 01 把人物照片和出场特效绿幕素材导入"本地"选项卡中，单击人物照片右下角的"添加到轨道"按钮 ![plus]，如图 10-2 所示，把素材添加到视频轨道中。

步骤 02 ❶拖曳特效绿幕素材至画中画轨道中；❷调整视频轨道中素材的时长，使其末端对齐绿幕素材的末尾位置，如图 10-3 所示。

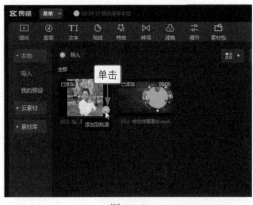

图 10-2   图 10-3

步骤 03 选择绿幕素材，❶切换至"抠像"选项卡；❷选中"色度抠图"复选框；❸单击"取色器"按钮 ![icon]，取样画面中绿幕的颜色；❹设置"强度"和"阴影"参数均为100，抠出素材；❺调整人物素材的位置，使其处于圆框内，如图 10-4 所示。

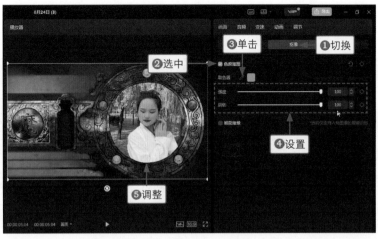

图 10-4

步骤 04 拖曳时间指示器至视频 00:00:01:20 的位置；❶在功能区中单击"文本"按钮；❷单击"默认文本"右下角的"添加到轨道"按钮 ，如图 10-5 所示。

步骤 05 添加"默认文本"并调整其时长，使其末端对齐视频的末尾位置，如图 10-6 所示。

图 10-5

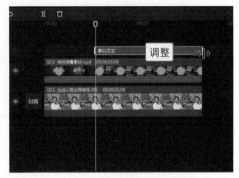

图 10-6

步骤 06 ❶输入文本内容并选择合适的字体；❷选择文本颜色；❸选择对齐方式；❹调整文本的大小和位置，如图 10-7 所示。

图 10-7

步骤 07 ❶在操作区中单击"动画"按钮；❷选择"滚入"入场动画，如图 10-8 所示。

步骤 08 ❶拖曳时间指示器至视频 00:00:01:28 的位置；❷复制"花妖"文本粘贴至第 2 条文本轨道中，并调整其时长，使其末端对齐视频的末尾位置，如图 10-9 所示。

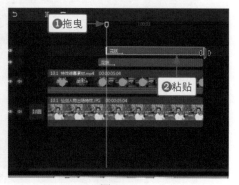

图 10-8   图 10-9

步骤 09 ❶更改文本内容；❷更换文本颜色；❸更换对齐方式；❹调整文本的大小和位置，如图 10-10 所示。

图 10-10

步骤 10 ❶在操作区中单击"动画"按钮；❷选择"羽化向右擦开"入场动画，如图 10-11 所示。

步骤 11 用同样的方法，在视频 00:00:02:04、00:00:02:07 和 00:00:02:10 的位置，添加 3 段文本，并调整其画面位置，如图 10-12 所示。

图 10-11   图 10-12

10.1.2 用剪映手机版制作

剪映手机版的操作方法如下。

步骤 01 在剪映手机版中导入人物照片素材，添加出场特效绿幕素材至画中画轨道中，❶调整视频轨道中素材的时长，使其末端对齐绿幕素材的末尾位置；❷选择绿幕素材；❸点击"色度抠图"按钮，如图 10-13 所示。

步骤 02 用取色器在画面中取样绿幕的颜色，❶设置"强度"和"阴影"参数均为 100，抠出素材；❷调整人物素材的位置，使其处于圆框内，如图 10-14 所示。

步骤 03 回到主界面，在视频 1s 左右的位置依次点击"文字"按钮和"新建文本"按钮，如图10-15 所示。

图 10-13

图 10-14

图 10-15

步骤 04 ❶输入文本内容；❷在"书法"选项区中选择合适的字体，如图 10-16 所示。

步骤 05 ❶切换至"样式"选项卡；❷选择文字颜色，如图 10-17 所示。

步骤 06 ❶展开"排列"选项区；❷选择第 4 个对齐方式；❸调整文本的大小和位置，如图 10-18所示。

步骤 07 ❶切换至"动画"选项卡；❷选择"滚入"入场动画，如图 10-19 所示。

步骤 08 ❶调整文本的时长；❷点击"复制"按钮，如图 10-20 所示，复制文本。

步骤 09 更改复制后文本的内容、颜色、对齐方式和入场动画，并调整其画面大小和位置，最后用同样的方法，再添加 3 段文本，并调整其轨道位置、时长和画面位置，如图 10-21 所示。

图 10-16

图 10-17

图 10-18

图 10-19

图 10-20

图 10-21

10.2　神仙下凡特效

效果展示　影视作品中神仙下凡的时候都伴随着光效，人物移动消失的时候通常是化成了光，一溜烟的工夫就出现在下一个场景中，效果如图 10-22 所示。

图 10-22

10.2.1　用剪映电脑版制作

剪映电脑版的操作方法如下。

步骤 01　把背景音乐、3 段特效素材、3 段空镜头素材、人物转圈视频和人物起跳落地视频导入"本地"选项卡中，单击人物转圈视频右下角的"添加到轨道"按钮，如图 10-23 所示。

步骤 02　❶把剩下的 3 段空镜头素材和人物起跳落地视频依次添加到视频轨道中；❷把 3 段特效素材分别拖曳至画中画轨道中，如图 10-24 所示。

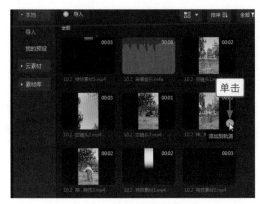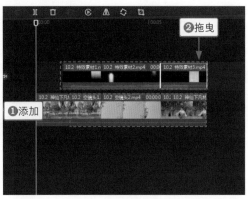

图 10-23　　　　　　　　　　　　　　　图 10-24

步骤 03 拖曳时间指示器至第1段人物转圈视频与第1段空镜头素材之间的位置，❶在功能区中单击
"转场"按钮；❷在"热门"选项卡中单击"叠化"转场右下角的"添加到轨道"按钮➕，
如图 10-25 所示，添加转场，让人物消失得更加自然。

步骤 04 ❶调整3段特效素材的轨道位置，使其对齐相应的人物视频与空镜头素材；❷拖曳背景
音乐至音频轨道中，并调整其时长，如图 10-26 所示。

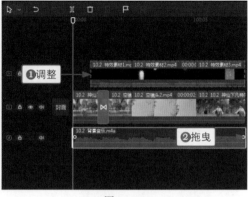

图 10-25 　　　　　　　　　　　　　　　　　　图 10-26

步骤 05 选择第1段特效素材，设置"混合模式"为"滤色"，抠出特效，如图 10-27 所示，为剩
下的2段特效素材也设置同样的混合模式。

图 10-27

10.2.2 用剪映手机版制作

剪映手机版的操作方法如下。

步骤 01 在剪映手机版中依次导入人物转圈视频、3段空镜头素材和人物起跳落地视频，点击 ⎸ 按钮，
在"热门"选项卡中选择"叠化"转场，如图 10-28 所示。

步骤 02 ❶把3段特效素材依次添加到画中画轨道中，并调整轨道位置；❷调整3段特效素材的
画面大小；❸点击"混合模式"按钮，如图 10-29 所示。

步骤 03 在"混合模式"面板中选择"滤色"选项，如图 10-30 所示，为剩下的2段特效素材也设
置同样的混合模式，并用"提取音乐"功能添加合适的背景音乐。

图 10-28 图 10-29 图 10-30

10.3 御剑飞行特效

效果展示 御剑飞行特效主要用智能抠像功能制作，这种特效也是仙侠剧中常见的特效，效果如图 10-31 所示。

图 10-31

10.3.1 用剪映电脑版制作

剪映电脑版的操作方法如下。

步骤 01 把特效素材添加到视频轨道中，拖曳人物视频至画中画轨道中，如图 10-32 所示。

步骤 02 ❶切换至"抠像"选项卡；❷选中"智能抠像"复选框，抠出人像，如图 10-33 所示。

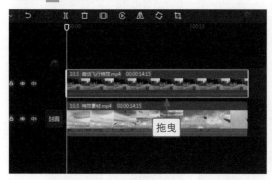

图 10-32　　　　　　　　　　　　　　　　图 10-33

步骤 03 ❶切换至"基础"选项卡；❷通过设置"缩放"参数和"位置"参数调整人物的画面大小和位置，使其处于剑上方，如图 10-34 所示。

图 10-34

步骤 04 ❶在操作区中单击"调节"按钮；❷设置"饱和度"参数为 25，"对比度"参数为 -50，"褪色"参数为 62，让人物与背景融合得更加自然，如图 10-35 所示。

 如果想对调色有进一步的了解，可以购买与本书同一系列的《调色师手册：视频和电影调色从入门到精通（剪映版）》一书，里面有丰富的调色原理介绍与精美的调色效果展示。

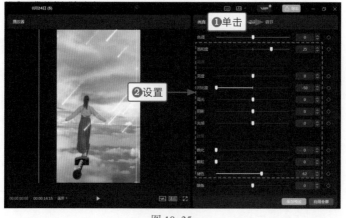

图 10-35

步骤 05 ❶在功能区中单击"特效"按钮；❷切换至"氛围"选项卡；❸单击"流星雨"特效右下角的"添加到轨道"按钮 ，如图 10-36 所示。

步骤 06　在"流星雨"特效的后面依次添加"闪电"自然特效和"星雨"氛围特效，并调整时长，如图 10-37 所示。

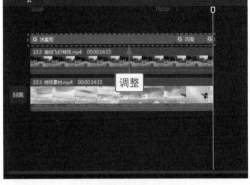

图 10-36　　　　　　　　　　　　　　　　　　图 10-37

10.3.2　用剪映手机版制作

剪映手机版的操作方法如下。

步骤 01　在剪映手机版中导入特效素材，把人物视频添加到画中画轨道中，❶依次点击"抠像"按钮和"智能抠像"按钮，抠出人像；❷调整人物素材的大小和位置，使其处于剑的上方，如图 10-38 所示。

步骤 02　点击"调节"按钮，设置"饱和度"参数为 25，"对比度"参数为 -50，"褪色"参数为 62，让人物与背景融合得更加自然，部分参数如图 10-39 所示。

步骤 03　依次添加"流星雨"氛围特效、"闪电"自然特效和"星雨"氛围特效，调整时长，并设置 3 段特效的"作用对象"均为"全局"，如图 10-40 所示。

图 10-38　　　　　　　　　图 10-39　　　　　　　　　图 10-40

10.4　幻龙术特效

效果展示　幻龙术特效素材会覆盖所有的人像，所以需要用到蒙版功能，让特效显示在正确的位置，展现幻龙术特效的奇妙之处，效果如图 10-41 所示。

图 10-41

10.4.1　用剪映电脑版制作

剪映电脑版的操作方法如下。

步骤 01　把特效素材和人物视频导入"本地"选项卡中，单击人物视频右下角的"添加到轨道"按钮 ，如图 10-42 所示。

步骤 02　把素材添加到视频轨道中，拖曳特效素材至画中画轨道中，如图 10-43 所示。

 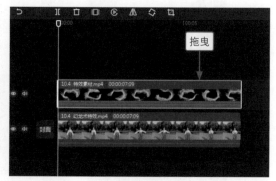

图 10-42　　　　　　　　　　　　　　图 10-43

步骤 03　❶设置"混合模式"为"滤色"；❷调整特效素材的画面位置，让人物处于特效之间的位置，如图 10-44 所示。

图 10-44

步骤 04 拖曳同一段人物视频至第 2 条画中画轨道中，如图 10-45 所示。

步骤 05 ❶切换至"抠像"选项卡；❷选中"智能抠像"复选框，抠出人像，如图 10-46 所示。

步骤 06 ❶切换至"蒙版"选项卡；❷选择"矩形"蒙版；❸调整蒙版的大小和位置，使其处于
        人物腿部的位置，❹设置"羽化"参数为 10，让特效不遮盖腿部，如图 10-47 所示。

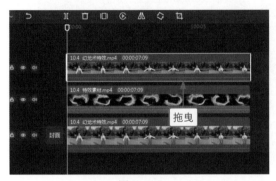

图 10-45

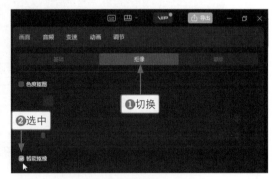

图 10-46

图 10-47

步骤 07 复制第 2 条画中画轨道中的素材并粘贴至第 3 条画中画轨道中，如图 10-48 所示。

步骤 08 ❶选择"圆形"蒙版；❷调整蒙版的大小和位置，使其处于人物头部的位置；❸设置"羽化"参数为 8，让特效不遮盖人物的头部，如图 10-49 所示。

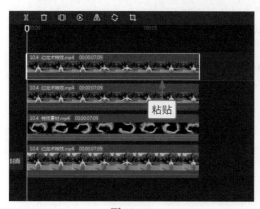

图 10-48

图 10-49

步骤 09 ❶为视频添加"星火"氛围特效，并调整其时长；❷添加"青橙"影视级滤镜，并调整其时长，给视频调色，如图 10-50 所示。

步骤 10 在"滤镜"面板中拖曳滑块，设置"强度"参数为 80，让滤镜效果更加自然，如图 10-51 所示。

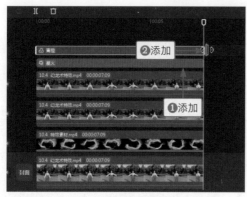

图 10-50

图 10-51

　　如果想对视频拍摄及运镜有进一步的了解，可以购买与本书同一系列的《运镜师手册：短视频拍摄与脚本从入门到精通（剪映版）》一书；如果对音效和后期配音有兴趣，可以购买与本书同一系列的《音效师手册：后期配音与卡点配乐从入门到精通（剪映版）》一书。

10.4.2 用剪映手机版制作

剪映手机版的操作方法如下。

步骤 01 在剪映手机版中导入人物视频，添加特效素材至画中画轨道中，点击"混合模式"按钮，❶选择"滤色"选项，抠出特效；❷调整特效素材的大小和位置，让人物处于特效之间的位置，如图 10-52 所示。

步骤 02 ❶在第 2 条画中画轨道中添加同一段人物视频；❷依次点击"抠像"按钮和"智能抠像"按钮，抠出人像，如图 10-53 所示。

步骤 03 点击"蒙版"按钮，❶选择"矩形"蒙版；❷调整蒙版的大小和位置，使其处于人物腿部的位置；❸拖曳 ✕ 按钮，让特效不遮盖腿部，如图 10-54 所示。

步骤 04 复制第 2 条画中画轨道中的人物视频，并拖曳至第 3 条画中画轨道中，❶在 "蒙版" 面板中选择 "圆形" 蒙版；❷调整蒙版的大小和位置，使其处于人物头部的位置，❸拖曳 ✕ 按钮，让特效不遮盖头部，如图 10-55 所示。

步骤 05 在视频起始位置依次点击 "特效" 按钮和 "画面特效" 按钮，为视频添加 "星火" 氛围特效，并调整其时长，如图 10-56 所示。

步骤 06 在视频起始位置点击 "滤镜" 按钮，❶切换至 "影视级" 选项卡；❷选择 "青橙" 滤镜，为视频调色，如图 10-57 所示。

图 10-52

图 10-53

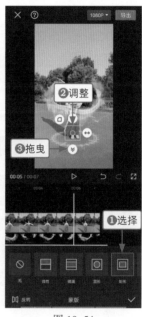
图 10-54

图 10-55

图 10-56

图 10-57

课后实训：深海巨龙特效

为视频添加巨龙特效，并进行调色，可以让视频中的巨龙栩栩如生，效果如图10-58所示。

图 10-58

本案例主要制作步骤如下。

首先把背景视频添加到视频轨道中，拖曳特效素材至画中画轨道中，如图10-59所示。

设置"混合模式"为"变亮"，抠出特效，如图10-60所示。

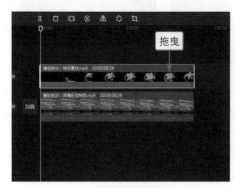

图 10-59   图 10-60

❶在操作区中单击"调节"按钮；❷设置"色温"参数为31，"色调"参数为30，"饱和度"参数为50，"亮度"参数为6，"对比度"参数为–6，"阴影"参数为50，"光感"参数为–9，"锐化"参数为21，"颗粒"参数为100，调整特效画面的明度和色彩，让巨龙更加生动，如图10-61所示。

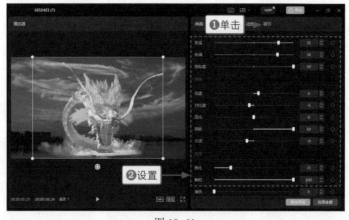

图 10-61

第 11 章　科幻类特效：
打造好莱坞大片的秘诀

科幻片中使用特效的频率非常高，在好莱坞的各种大片里，也有各种神奇的特效。在合成场景时，离不开特效；在制作魔法场景时，离不开特效；在体现超能力时，也离不开特效。有了特效，人们脑中想象的事物与场景才能成真。本章将带领大家学习和制作一些神奇的科幻类特效。

11.1 合成海底世界特效

效果展示 在科幻片里，如电影《海王》，可以看到各类海底生物，这些画面都是靠后期合成的，让观众仿佛身临其境，置身于海底世界，效果如图 11-1 所示。

图11-1

11.1.1 用剪映电脑版制作

剪映电脑版的操作方法如下。

步骤 01 把城市视频和特效绿幕素材导入剪映电脑版中，单击城市视频右下角的"添加到轨道"按钮 ➕，如图 11-2 所示。

步骤 02 把素材添加到视频轨道中，拖曳特效绿幕素材至画中画轨道中，如图 11-3 所示。

图11-2

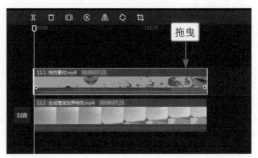

图11-3

步骤 03 ❶切换至"抠像"选项卡；❷选中"色度抠图"复选框；❸单击"取色器"按钮 ▨，取样画面中绿幕的颜色；❹设置"强度"参数为 20，"阴影"参数为 80，抠出特效，如图 11-4 所示。

图11-4

步骤 04 ❶在操作区中单击"调节"按钮；❷切换至 HSL 选项卡；❸设置绿色选项的"饱和度"
参数为 –100，让特效素材的边缘更加自然，如图 11-5 所示。

图11-5

步骤 05 选择城市视频，❶单击"画面"按钮；❷切换至"基础"选项卡；❸设置"缩放"参数
为 83%，制作出 3D 立体感，让整体画面更加真实和立体，如图 11-6 所示。

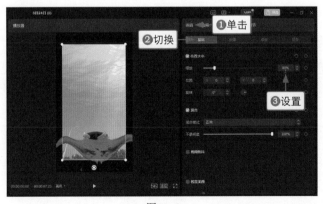

图11-6

11.1.2 用剪映手机版制作

剪映手机版的操作方法如下。

步骤 01 在剪映手机版中导入城市视频，添加特效绿幕素材至画中画轨道中，点击"色度抠图"按钮，用取色器在画面中取样绿幕的颜色，设置"强度"参数为 20，"阴影"参数为 80，抠出特效，部分参数如图 11-7 所示。

步骤 02 点击"调节"按钮，选择 HSL 选项，设置绿色选项 的"饱和度"参数为 −100，让特效素材的边缘更加自然，如图 11-8 所示。

步骤 03 选择城市视频，略微缩小画面，制作出 3D 立体感，让整体画面更加真实和立体，如图 11-9 所示。

图11-7

图11-8

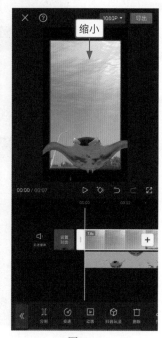
图11-9

> 为了制作出 3D 立体感，可以缩小实景，商场的 3D 显示屏就是类似的原理。

11.2 魔法写字特效

效果展示 电影《哈利·波特》中有很多特效，如隐身人特效。下面介绍魔法写字特效，让你手不出镜，就能写字，效果如图 11-10 所示。

图11-10

11.2.1 用剪映电脑版制作

剪映电脑版的操作方法如下。

步骤 01 把背景素材添加到视频轨道中，拖曳文字素材至画中画轨道中，如图 11-11 所示。

步骤 02 设置"混合模式"为"正片叠底"，让文字显示在背景画面中，如图 11-12 所示。

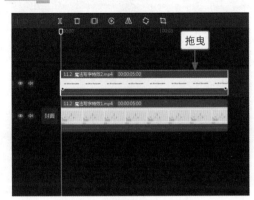

图11-11

图11-12

步骤 03 ❶切换至"蒙版"选项卡；❷选择"线性"蒙版；❸调整蒙版线的角度和位置，使其处于第 1 个字母的后面，❹为"位置"参数添加关键帧 ，如图 11-13 所示。

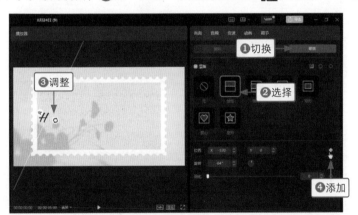

图11-13

步骤 04 拖曳时间指示器至视频末尾位置，调整蒙版线的位置，使其处于最后一个字母的后面，如图 11-14 所示。

图11-14

步骤 05 拖曳时间指示器至视频起始位置，❶在功能区中单击"贴纸"按钮；❷搜索"羽毛笔"；❸单击所需贴纸右下角的"添加到轨道"按钮 ➕，如图 11-15 所示，添加贴纸。

步骤 06 放大时间线面板中的轨道，❶拖曳时间指示器至视频 10f（帧）的位置；❷调整贴纸的时长，使其末端处于该位置，如图 11-16 所示。

图11-15

图11-16

步骤 07 ❶单击"动画"按钮；❷切换至"循环"选项卡；❸选择"颤抖"动画；❹在贴纸轨道的末尾位置调整羽毛笔贴纸的画面大小和位置，使其处于画面上显示的最后一个字母的位置，如图 11-17 所示。

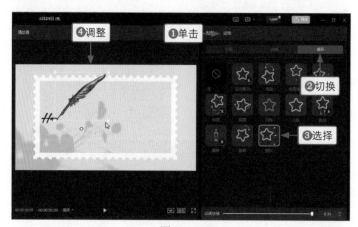

图11-17

步骤 08 在视频 10f（帧）的位置复制和粘贴上一段贴纸，如图 11-18 所示。

步骤 09 在贴纸轨道的末尾位置调整羽毛笔贴纸的画面位置，使其处于画面上显示的最后一个字母笔画的位置，如图 11-19 所示，对剩下的画面也进行同样的复制、粘贴和调整羽毛笔贴纸操作。

步骤 10 拖曳时间指示器至视频起始位置，❶在功能区中单击"音频"按钮；❷切换至"音效素材"选项卡；❸搜索"写字音效"；❹单击所需音效右下角的"添加到轨道"按钮 ➕，如图 11-20 所示。

步骤 11 ❶添加音效并调整其时长，使其末端对齐视频的末尾位置；❷在"魔法"选项区中添加"魔法过场 长"音效，如图 11-21 所示。

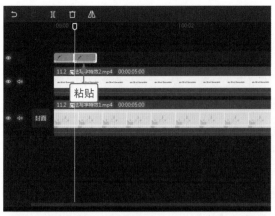

图11-18

图11-19

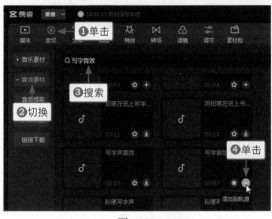

图11-20

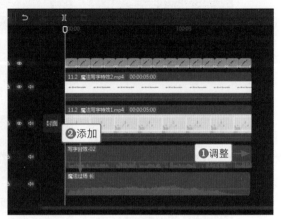

图11-21

步骤 12 ❶在功能区中单击"贴纸"按钮；❷搜索"魔法"贴纸；❸单击所需贴纸右下角的"添加到轨道"按钮➕，如图 11-22 所示，添加贴纸。

步骤 13 调整贴纸的画面大小和位置，使其处于画面左侧位置，如图 11-23 所示，复制并粘贴该段贴纸，调整其时长和画面位置，使其处于画面右侧位置。

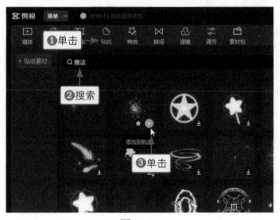

图11-22

图11-23

11.2.2 用剪映手机版制作

剪映手机版的操作方法如下。

步骤 01 在剪映手机版中导入背景素材，把文字素材添加到画中画轨道中，点击"混合模式"按钮，选择"正片叠底"选项，让文字显示在背景画面中，如图 11-24 所示。

步骤 02 ❶在文字素材的起始位置点击◇按钮添加关键帧；❷点击"蒙版"按钮，如图 11-25 所示。

步骤 03 ❶选择"线性"蒙版；❷调整蒙版线的角度和位置，使其处于第 1 个字母的后面，如图 11-26 所示。

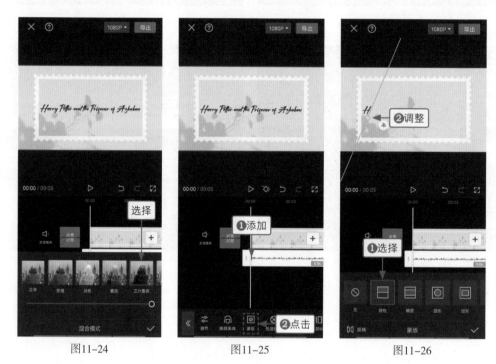

图11-24　　　　　　图11-25　　　　　　图11-26

步骤 04 ❶拖曳时间轴至文字素材的末尾位置；❷调整蒙版线的位置，使其处于最后一个字母的后面，如图 11-27 所示。

步骤 05 在视频起始位置依次点击"贴纸"按钮和"添加贴纸"按钮，搜索"羽毛笔"贴纸，选择一款贴纸，❶调整贴纸的时长，使其大约为 10 帧；❷点击"动画"按钮，如图 11-28 所示。

步骤 06 ❶切换至"循环动画"选项卡；❷选择"颤抖"动画；❸在贴纸轨道的末尾位置调整羽毛笔贴纸的画面大小和位置，使其处于画面上显示的最后一个字母的位置，如图 11-29 所示。

步骤 07 复制该段贴纸素材，拖曳至后面，在画面中调整贴纸的位置，使其处于画面上显示的最后一个字母笔画的位置，如图 11-30 所示，对剩下的画面也进行同样的复制粘贴和调整操作。

步骤 08 在视频起始位置依次点击"音频"按钮和"音效"按钮，搜索"写字音效"，❶添加"写字音效 -02"音效，并调整其时长；❷在"魔法"选项区中添加"魔法过场 长"音效，如图 11-31 所示。

步骤 09 搜索"魔法"贴纸，添加一款贴纸，调整其画面大小和位置，并复制该段贴纸，调整其时长和位置，让前者处于画面左侧，后者处于画面右侧，如图 11-32 所示。

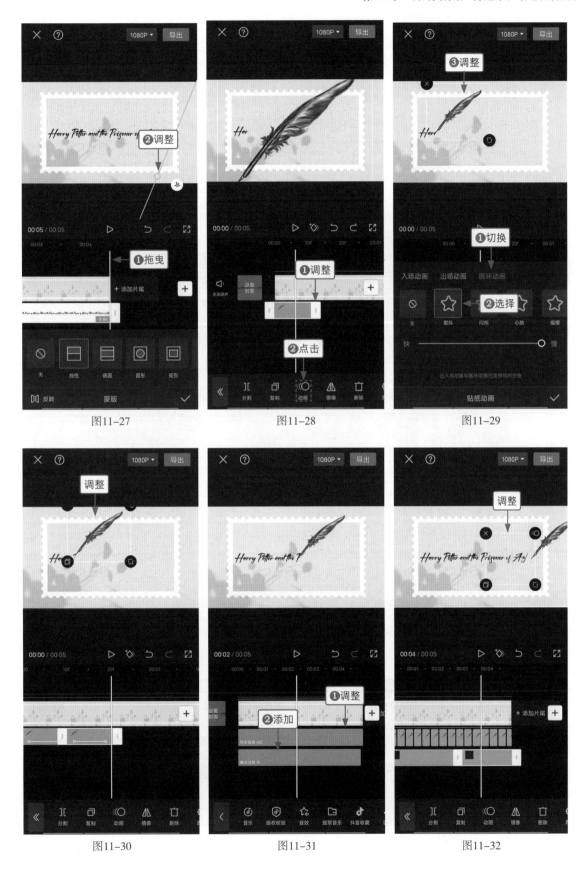

图11-27 图11-28 图11-29

图11-30 图11-31 图11-32

11.3　一飞冲天特效

效果展示　一飞冲天特效在很多科幻片中都可以看到，该特效可以让人物克服地心引力，飞向蓝天，效果如图 11-33 所示。

图11-33

11.3.1　用剪映电脑版制作

剪映电脑版的操作方法如下。

步骤 01　把人物奔跑起跳的视频和空镜头素材依次添加到视频轨道中，在人物视频末尾左右的位置单击"定格"按钮，如图 11-34 所示。定格画面之后，删除多余的视频。

步骤 02　❶拖曳定格素材至画中画轨道中，使其起始位置对齐空镜头素材的起始位置，时长约为1s；❷拖曳烟雾素材至第 2 条画中画轨道中，如图 11-35 所示。

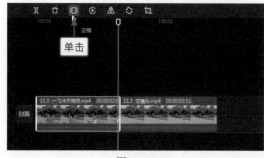

图11-34

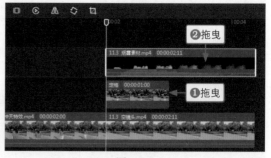

图11-35

步骤 03　❶设置"混合模式"为"滤色"；❷调整烟雾素材的画面位置，使其处于人物脚下，如图 11-36 所示。

图11-36

步骤 04 选择定格素材，在定格素材的起始位置为"缩放"和"位置"参数添加关键帧 ◆，如图 11-37 所示。

步骤 05 ❶切换至"抠像"选项卡；❷选中"智能抠像"复选框，如图 11-38 所示。

步骤 06 抠出人像，拖曳时间指示器至定格素材末尾左右的位置，❶切换至"基础"选项卡；❷通过设置"缩放"和"位置"参数调整定格素材中人物的大小和位置，使其处于画面的最上方，制作人物一飞冲天消失的效果，图 11-39 所示。

图11-37

图11-38

图11-39

步骤 07 拖曳时间指示器至视频起始位置，❶在功能区中单击"音频"按钮；❷切换至"卡点"选项区；

❸单击所需音乐右下角的"添加到轨道"按钮▣，如图 11-40 所示。

步骤 08 调整背景音乐的时长，使其对齐视频的时长，如图 11-41 所示。

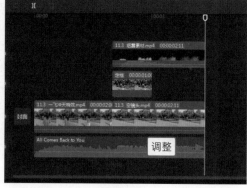

| 图11-40 | 图11-41 |

11.3.2 用剪映手机版制作

剪映手机版的操作方法如下。

步骤 01 在剪映手机版中依次导入人物奔跑起跳的视频和空镜头素材，在人物视频的末尾位置点击"定格"按钮，如图 11-42 所示。

步骤 02 定格画面后默认选择定格素材，点击"切画中画"按钮，如图 11-43 所示，把定格素材切换至画中画轨道中。

步骤 03 ❶调整定格素材的时长约为 1s，并调整其轨道位置，使其起始位置对齐空镜头素材的起始位置；❷依次点击"抠像"按钮和"智能抠像"按钮，抠出人像；❸在定格素材的起始位置点击▣按钮添加关键帧，如图 11-44 所示。

| 图11-42 | 图11-43 | 图11-44 |

步骤 04　❶拖曳时间轴至定格素材的末尾位置；❷调整定格素材的画面大小和位置，使其处于画面的最上方，制作人物一飞冲天消失的效果，如图 11-45 所示。

步骤 05　在定格素材的起始位置添加烟雾素材至第 2 条画中画轨道中，点击"混合模式"按钮，❶选择"滤色"选项；❷调整烟雾素材的画面大小和位置，使其处于人物脚下，如图 11-46 所示。

步骤 06　在视频起始位置依次点击"音频"按钮和"音乐"按钮，在"添加音乐"界面中选择"卡点"选项，添加合适的音乐，并调整音乐的时长，使其对齐视频的时长，如图 11-47 所示。

图11-45

图11-46

图11-47

11.4　掌中火特效

效果展示　很多科幻片中有人物手掌中变出一团火的特效，制作该特效需要用到混合模式功能，还需要用关键帧功能跟踪特效，效果如图 11-48 所示。

图11-48

11.4.1 用剪映电脑版制作

剪映电脑版的操作方法如下。

步骤 01 把人物张开手然后抬手的视频添加到视频轨道中，❶拖曳时间指示器至视频 00:00:02:13 的位置；❷拖曳特效素材至画中画轨道中，如图 11-49 所示。

步骤 02 ❶拖曳时间指示器至视频 00:00:02:04 的位置；❷添加"爆炸"自然特效；❸在特效轨道的左侧单击"隐藏轨道"按钮 👁，隐藏特效轨道，如图 11-50 所示。

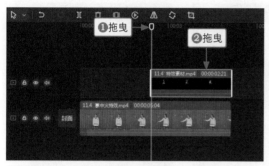
图11-49

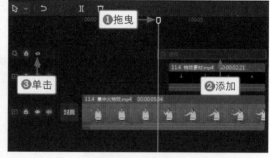
图11-50

步骤 03 选择特效素材，❶设置"混合模式"为"滤色"；❷调整特效素材的画面大小和位置，使火焰处于人物手中；❸在特效素材的起始位置为"位置"参数添加关键帧 ◈，如图 11-51 所示。

步骤 04 在特效素材的末尾位置调整特效素材的画面位置，使其处于人物的手中，如图 11-52 所示，并在特效素材的中间位置进行精细调整，使火焰特效一直处于人物手中，最后单击"显示轨道"按钮 👁，显示特效轨道。

图11-51

图11-52

11.4.2 用剪映手机版制作

剪映手机版的操作方法如下。

步骤 01　在剪映手机版中导入人物张开手然后抬手的视频，在 2s 左右人物张开手的位置添加特效素材至画中画轨道中，点击"混合模式"按钮，❶选择"滤色"选项，抠出特效；❷调整特效素材的画面大小和位置，使火焰处于人物手中，如图 11-53 所示，在特效素材的起始位置点击◇◇按钮添加关键帧。

步骤 02　❶拖曳时间轴至特效素材的末尾位置；❷调整特效素材的画面位置，使其处于人物的手中，如图 11-54 所示，并在特效素材的中间位置进行精细调整，使火焰特效一直处于人物手中。

步骤 03　在视频 2s 左右人物伸手的位置依次点击"特效"按钮和"画面特效"按钮，❶切换至"自然"选项卡；❷选择"爆炸"特效，如图 11-55 所示。

图11-53

图11-54

图11-55

课后实训：**控雨特效**

效果展示　制作控雨特效并不复杂，前期拍摄好一段控雨动作视频，后期就能轻松合成画面，制作出人物抬手控制雨水的特效，效果如图 11-56 所示。

图11-56

本案例主要制作步骤如下。

首先把人物视频添加到视频轨道中，拖曳特效素材至画中画轨道中，如图 11-57 所示。

设置"混合模式"为"滤色"，抠出特效，如图 11-58 所示。

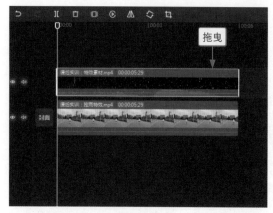

图11-57

图11-58

❶然后在功能区中单击"滤镜"按钮；❷在"精选"选项卡中单击"净透"滤镜右下角的"添加到轨道"按钮，如图 11-59 所示，添加滤镜，给视频调色。

最后调整"净透"滤镜的时长，使其末端对齐视频的末尾位置，如图 11-60 所示。

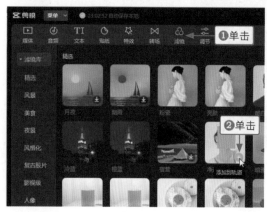

图11-59

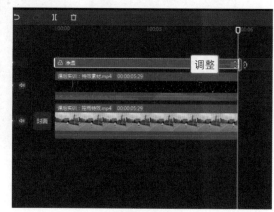

图11-60

附录　剪映快捷键大全

为方便读者快捷、高效地学习，笔者特意对剪映电脑版快捷键进行了归类说明，如下所示。

操作说明	快捷键	
时间线	Final Cut Pro X 模式	Premiere Pro 模式
分割	Ctrl ＋ B	Ctrl ＋ K
批量分割	Ctrl ＋ Shift ＋ B	Ctrl ＋ Shift ＋ K
鼠标选择模式	A	V
鼠标分割模式	B	C
主轨磁吸	P	Shift ＋ Backspace（退格键）
吸附开关	N	S
联动开关	~	Ctrl ＋ L
预览轴开关	S	Shift ＋ P
轨道放大	Ctrl ＋＋（加号）	＋（加号）
轨道缩小	Ctrl ＋－（减号）	－（减号）
时间线上下滚动	滚轮上下	滚轮上下
时间线左右滚动	Alt ＋滚轮上下	Alt ＋滚轮上下
启用 / 停用片段	V	Shift ＋ E
分离 / 还原音频	Ctrl ＋ Shift ＋ S	Alt ＋ Shift ＋ L
手动踩点	Ctrl ＋ J	Ctrl ＋ J
上一帧	←	←
下一帧	→	→
上一分割点	↑	↑
下一分割点	↓	↓
粗剪起始帧 / 区域入点	I	I
粗剪结束帧 / 区域出点	O	O
以片段选定区域	X	X
取消选定区域	Alt ＋ X	Alt ＋ X
创建组合	Ctrl ＋ G	Ctrl ＋ G
解除组合	Ctrl ＋ Shift ＋ G	Ctrl ＋ Shift ＋ G

续表

操作说明	快捷键	
唤起变速面板	Ctrl + R	Ctrl + R
自定义曲线变速	Shift + B	Shift + B
新建复合片段	Alt + G	Alt + G
解除复合片段	Alt + Shift + G	Alt + Shift + G

操作说明	快捷键	
播放器	Final Cut Pro X 模式	Premiere Pro 模式
播放 / 暂停	Spacebar（空格键）	Ctrl + K
全屏 / 退出全屏	Ctrl + Shift + F	~
取消播放器对齐	长按 Ctrl	V

操作说明	快捷键	
基础	Final Cut Pro X 模式	Premiere Pro 模式
复制	Ctrl + C	Ctrl + C
剪切	Ctrl + X	Ctrl + X
粘贴	Ctrl + V	Ctrl + V
删除	Delete（删除键）	Delete（删除键）
撤销	Ctrl + Z	Ctrl + Z
恢复	Shift + Ctrl + Z	Shift + Ctrl + Z
导入媒体	Ctrl + I	Ctrl + I
导出	Ctrl + E	Ctrl + M
新建草稿	Ctrl + N	Ctrl + N
切换素材面板	Tab（制表键）	Tab（制表键）
退出	Ctrl + Q	Ctrl + Q

操作说明	快捷键	
其他	Final Cut Pro X 模式	Premiere Pro 模式
字幕拆分	Enter（回车键）	Enter（回车键）
字幕拆行	Ctrl + Enter	Ctrl + Enter